Nicht ohne meine Werte

Karin Frech

Nicht ohne meine Werte

Die Säulen erfolgreichen Wirtschaftens

edition ***245***

edition 245, Bad Vilbel 2013

Cover-Gestaltung: Anja Fuchs, www.anjafuchs.de
Typografie und Satz: ASKU-MEDIA Sven Uftring, Bad Nauheim
Gesetzt aus der Myriad Pro und der Minion Pro
Druck und Bindung: Hubert & Co, Göttingen

Die *edition 245* ist eine Reihe der
Scoventa Verlagsgesellschaft GmbH

ISBN 978-3-942073-23-3

Inhalt

DANKE an alle Unterstützer, die dieses Buch möglich
gemacht haben, mir Mut schenkten und mich begleiteten.
Ganz besonderen DANK an die Mitarbeiterinnen,
die daran mitgearbeitet haben, zu zeigen, wie besonders
unsere Organisation ist.

Da bei FAB die große Mehrzahl der Mitarbeiterinnen weiblich ist, verwende ich in diesem Text in der Regel die weibliche Form: die Mitarbeiterinnen, die Angestellten … Diese Schreibweise dient der besseren Lesbarkeit, die männlichen Mitarbeiter sind damit aber auch gemeint.

1. Vorwort

Es braucht sicherlich viel Mut, andere Modelle des Arbeitens zu praktizieren. Wie oft wird mir gesagt: »Das kann doch nicht funktionieren – das ist doch Sozialromantik pur!« Doch, es geht – und zwar erfolgreich. Es ist kein einfacher Weg – aber wenn nicht wir, wer dann?

In unserer Gesellschaft und Wirtschaft geht einiges schief: Werte gehen unter in einer Atmosphäre, die auf dem Streben nach Profit aufbaut. Doch das *muss* nicht sein. Mit meinem Buch möchte ich zeigen, dass menschliches, vernünftiges Wirtschaften funktioniert. Profitgier und Rücksichtslosigkeit in unserer Gesellschaft sind nicht alternativlos. Mir liegt am Herzen, zu beweisen, dass es eine andere Form der Gewinnmaximierung gibt: Gewinn an Vielfalt, Freiheit, Freude an sinnvollem Handeln sind in Unternehmen möglich – auch und gerade verbunden mit erfolgreichem Wirtschaften.

Ich finde es überaus sinnvoll, dass wir eine Gesellschaft aufbauen, in der jedem Menschen sein Wert zugestanden wird. Zuschreibungen wie Mann, Frau, normal, behindert führen zu nichts. Sie bringen uns nicht weiter, sondern hindern uns im Gegenteil daran, den Menschen und sein Potenzial zu erkennen.

Ich glaube daran, dass jeder Mensch einen Wert hat, dass jeder Mensch etwas für unsere Gesellschaft und unsere Wirtschaft beitragen kann und dass jeder Mensch gebraucht wird und sich deswegen auch gebraucht fühlen soll. Das ist ein großes Ideal, hinter dem ich voll und ganz stehe; es ist aber gleichzeitig auch ein Ziel, an dem ich arbeite. Leider werden viele Menschen als vermeintlich »wertlos« eingestuft, als nicht zu gebrauchen für den Arbeitsmarkt, weil sie angeblich zu alt, zu dumm, zu ungebildet, zu jung, zu fremd oder zu weiblich sind, um einen wertvollen Beitrag für die Gemeinschaft leisten zu können. Meine feste Überzeugung ist: Es geht auch anders – und zwar erfolgreich! Glaubwürdigkeit,

Integration, Inklusion, Chancengleichheit, Toleranz sind nicht nur abgedroschene Worte oder politische Forderungen, sondern können ganz konkret gelebt werden. Das gilt für unser Privatleben, aber auch für den Arbeitsmarkt und unsere Wirtschaft. Es gibt schon viele gelungene Beispiele dafür. Viele Unternehmen – gerade die kleineren – sind sich ihrer Verantwortung für die Gesellschaft und ihre Mitarbeiterinnen bewusster als früher, und sie stellen dies auch in den Fokus ihres Handelns und ihrer Entscheidungen.

Es ist an der Zeit, dass auch die großen Player überlegen, wie ihr Beitrag für die Gesellschaft, die Umwelt und die Menschenrechte aussehen könnte. Sind es wirklich nur noch die Börsenkurse, die zählen? Wer soll von den Gewinnen, die erwirtschaftet werden, profitieren?

Weltweit gehen in diesem Jahr die Menschen auf die Straße und protestieren: in der Türkei, in Griechenland, in Israel, in Brasilien und auch in Deutschland. Diese Proteste zeigen eine tiefe Sehnsucht der Menschen nach etwas Anderem, etwas Neuem, das sich noch nicht genau definieren lässt. Weltweit protestieren viele gegen die Profitorientierung, starke Machtgefälle und unmenschliche Arbeitsbedingungen. Sie alle sehnen sich nach Sicherheit, nach einer Gesellschaft, in der jede und jeder die Chance hat, sich einzubringen und etwas Sinnvolles zu tun.

Auch im Kleinen – in den Büros und in den Haushalten – gibt es in den letzten Jahren eine Entwicklung in den Köpfen der Menschen. Die sogenannte Generation Y legt Wert darauf, dass Arbeitszeiten und Arbeitsweise zunehmend individuell vereinbart werden; viele Menschen suchen nach Alternativen, nach einer Work-Life-Balance in ihrem Leben. Familienfreundliche Unternehmen haben jetzt schon eine größere Chance, qualifizierte Mitarbeiterinnen zu finden. In den nächsten Jahren wird sich dieser Trend immer weiterentwickeln: Unternehmen, die sich nicht *jetzt schon* Gedanken über die Bedürfnisse ihrer Arbeitnehmer machen, sich nicht der Verantwortung stellen, die sie für ihre Mitarbeiterinnen haben, werden mit den Jahren immer schwerer neue Angestellte finden.

Unternehmen, die erfolgreich sein und bleiben möchten, müssen sich an diese Gegebenheiten anpassen. Sie sehen sich mit der Aufgabe konfrontiert, sinnvolle und attraktive Arbeitsplätze bereitzustellen. In den Medien wird immer wieder darüber berichtet, dass viele Unternehmen sich über Arbeitskräftemangel beschweren: Ausbildungsplätze bleiben unbesetzt, hoch qualifizierte Mitarbeiterinnen aus anderen Ländern werden in Deutschland eingesetzt. Gleichzeitig gibt es in Deutschland eine sehr hohe Zahl an Arbeitslosen; bestens ausgebildete Menschen finden manchmal keine Stelle – weil sie Frauen sind, weil sie Familien haben, weil sie noch nicht die Sprache ihres neuen Heimatlandes sprechen. Durch politische Reformen allein kann dieses Missverhältnis nicht geregelt werden. Die Unternehmen, denen Arbeitskräfte fehlen, müssen selbst Konzepte entwickeln, um attraktive Arbeitsplätze zu schaffen und um den vorhandenen Bewerbern eine Struktur vorzugeben, in der sie konstruktiv arbeiten können. In den nächsten Jahren wird sich der Wettbewerb um gut ausgebildete Mitarbeiterinnen noch verschärfen, und diejenigen Unternehmen, die sich jetzt schon der neuen Situation stellen und nach angemessenen Lösungen suchen, werden dabei große Vorteile haben.

Es gibt schon heute Unternehmen, die für die neuen Ansprüche der Gesellschaft gerüstet sind und die sich ihrer Verantwortung stellen. An diesen können wir uns orientieren. Die Prinzipien und Strukturen einer gemeinnützig arbeitenden Firma können ein solches Modell bieten.

Ich leite seit 2009 eine gemeinnützige GmbH, eine sogenannte gGmbH, die die Ideale der Chancengleichheit, der Integration und

Inklusion und der Bildung für alle lebt und ganz konkret umsetzt. Die Ziele und die Arbeitsweise dieser Firma orientieren sich an der Toleranz und Offenheit, die die Gesellschaft braucht.

Eine gemeinnützige Körperschaft verpflichtet sich in ihrer Satzung dazu, unmittelbar einen dem Gemeinwohl dienenden Zweck zu verfolgen. So ist eine gemeinnützige Organisation schon bei ihrer Gründung dazu angehalten, den eigenen Unternehmenszweck genau zu hinterfragen. Doch auch jede andere Organisation sowie jedes andere Unternehmen sollte die eigenen Ziele daraufhin hinterfragen, wem sie eigentlich nützen.

Bei der FAB gGmbH (Frauen-Arbeit-Bildung) bekommen zum Beispiel Bildungsverlierer eine zweite Chance; Frauenkarrieren werden nicht torpediert, sondern gefördert; Menschen mit Behinderungen und Migrationshintergrund sind genauso willkommen wie Menschen jeden Alters und werden vorbehaltlos wertgeschätzt.

Ein solches Modell kann als Vorbild für alle anderen Führungs- und Geschäftsmodelle dienen, da es einem positiven Trend unserer Zeit entspricht. Flexible Arbeitszeitmodelle, Home Office und Eltern-Kind-Büros sind nur einige Bereiche, die in unserer Arbeitswelt immer wichtiger werden. Die Rücksichtnahme auf die individuellen beruflichen und privaten Bedürfnisse der Mitarbeiterinnen ist in unserer gGmbH selbstverständlich. Die meisten Unternehmen aus der freien Wirtschaft müssen das noch lernen: Viel zu oft sind feste Präsenzzeiten und lange Arbeitszeiten noch Voraussetzung für einen Aufstieg in der Firma. Anstelle der Beurteilung der Mitarbeiterinnen ausschließlich aufgrund der im Büro verbrachten Arbeitszeit treten bei FAB gemeinsam gesetzte Zielvereinbarungen. Weder Elternzeit noch verkürzte Arbeitszeiten erschweren das Fortkommen im Unternehmen.

Dieses Geschäftsmodell entspricht den neuen Bedürfnissen der Arbeitnehmer: Auch Väter gehen inzwischen immer häufiger in Erziehungsurlaub, und sie wechseln nicht mehr wie selbstverständlich den Standort für einen neuen Job. Viele Unternehmen entwickeln inzwischen schon Programme, die es Frauen ermöglichen, nach einer Schwangerschaft schnell wieder arbeiten zu können, ohne dass sie ihr Kind dabei vernachlässigen müssen. Betriebskindergärten, flexible Arbeitszeiten, Beratung – all das kann zu individuellen Lösungen beitragen. Das Privatleben und die Familienverhältnisse der eigenen Angestellten dürfen den Unternehmen in Zukunft nicht mehr egal sein – sonst verlieren sie wertvolle Arbeitskräfte.

Ein weiterer wichtiger Faktor, in dem gemeinnützige Firmen als Vorbild dienen können, ist eben ihre Gemeinnützigkeit. Etwas Sinnvolles zu tun, der Gesellschaft etwas zu geben, einen guten Zweck zu verfolgen – diese Ziele sorgen dafür, dass Mitarbeiterinnen engagiert mitarbeiten. Nicht einmal durch ein sehr hohes Gehalt kann das Engagement und Commitment erreicht werden, das Menschen haben, die für eine gute Sache arbeiten.

Auch hier können und müssen die Unternehmen der freien Wirtschaft vom Geschäftsmodell der gemeinnützigen Firmen lernen. Auf der anderen Seite gehört zu einer erfolgreichen, zukunftsfähigen Firma selbstverständlich auch eine klare wirtschaftliche Orientierung. Auch Gemeinnützigkeit kann nur dann funktionieren, wenn Geld da ist: für neue Projekte, für Gehälter und vieles mehr. Gemeinnützige Firmen und soziale Einrichtungen müssen deshalb beginnen, wirtschaftlich zu denken, sich langfristig zu orientieren und zielgerichtet zu arbeiten. Nur so kann Gemeinnützigkeit weiter bestehen bleiben. Ich möchte Ihnen zeigen, dass Arbeit für die Gemeinschaft und Wirtschaftlichkeit entgegen der landläufigen Meinung keine entgegengesetzten Begriffe sind, sondern sich gegenseitig ergänzen.

Um zu zeigen, *dass* und *wie* gemeinnütziges und gleichzeitig wirtschaftliches Handeln funktioniert und dass es auf lange Sicht gesehen der beste Weg ist, in unserer Gesellschaft zusammen zu leben und zu arbeiten, beschäftige ich mich in diesem Buch zunächst einmal mit grundlegenden Voraussetzungen gesellschaftlichen Zusammenlebens: den Werten. Ohne Werte kann keine Gesellschaft erfolgreich existieren. Und auch für die Wirtschaft ist Werteorientierung keineswegs uninteressant: In ihrer Veröffentlichung *Bildung schafft Zukunft. Bildungsauftrag Werteerziehung. Selbstständig denken, verantwortlich handeln*[1] untersucht die Bundesvereinigung der deutschen Arbeitgeberverbände die Bedeutung von Werten in der Wirtschaft und kommt unter anderem zu dem Ergebnis, dass Werte und Erfolg eng miteinander verknüpft sind: »Der Erfolg der Sozialen Marktwirtschaft ist von Voraussetzungen abhängig, die eng mit der Werteorientierung der Gesellschaft und den Werthaltungen der Menschen zusammenhängen: Sie ist für ihre Funktionsfähigkeit auf selbstständig denkende, informierte, frei entscheidende und verantwortungsbewusste Menschen angewiesen.«[2]

Mir geht es ausdrücklich *nicht* darum, Wirtschaft und Werte als Gegensätze einander gegenüberzustellen. Ich bin der Meinung, dass Wirtschaft ohne Werte nicht funktionieren kann und dass wirtschaftlicher Erfolg in unserem Wertesystem etwas sehr Positives ist: Unternehmensgründungen sind gut, denn sie bringen die Gesellschaft voran und schaffen Arbeitsplätze.

Doch nach welchen Werten richten wir uns heutzutage – nach welchen Werten *sollten* wir uns richten? Wie wollen wir vor dem Hintergrund der großen Herausforderungen unserer Zeit – dem

1 *Bildung schafft Zukunft. Bildungsauftrag Werteerziehung. Selbstständig denken, verantwortlich handeln.* Veröffentlichung der Bundesvereinigung der deutschen Arbeitgeberverbände 2002.

2 Bildung schafft Zukunft. Bildungsauftrag Werteerziehung. Selbstständig denken, verantwortlich handeln. Veröffentlichung der Bundesvereinigung der deutschen Arbeitgeberverbände 2002, S. 7.

demografischen Wandel, der steigenden Umweltverschmutzung, der Technologisierung, Automatisierung und Digitalisierung – miteinander leben? Welche Werte brauchen wir für unsere sich wandelnde Gesellschaft? Außerdem lohnt es sich, der Frage nachzugehen, wo unsere Werte herkommen, wer sie festlegt, warum wir uns danach richten. Diesen Fragen widme ich mich im ersten Kapitel meines Buches.

Daraufhin behandle ich das Thema Bildung, das für mich den Schlüssel zu allem Miteinander und Fortschritt darstellt – nicht zuletzt auch zur Werteorientierung. Wir wissen alle, dass ohne Bildung ein selbstbestimmtes, freies Leben und Arbeiten in Deutschland nicht möglich ist. Ohne oder mit nur geringer Bildung ist eine Beschäftigung heutzutage kaum möglich; der Zugang zur Gesellschaft und zum Gebraucht-Werden bleibt verwehrt. Bildung ist aber auch wichtig, um gemeinsame Werte in der Gesellschaft zu etablieren: Ohne eine gemeinsame Bildungsgrundlage ist es schwer, sich auf gemeinsame Werte zu einigen. Eine der drei Säulen, auf denen FAB aufbaut, ist die Bildung: Schon der Name »Frauen-Arbeit-Bildung« macht deutlich, wie wichtig Bildung auch im Zusammenhang mit Arbeit und Gleichberechtigung ist. Im zweiten Kapitel dieses Buches möchte ich mich damit beschäftigen, wie Bildung dazu beiträgt, dass aus Menschen selbstständige, selbstbewusste und selbstbestimmte Individuen werden. Wichtig ist mir dabei vor allem, zu zeigen, dass der Bildungsauftrag nicht ausschließlich beim Staat liegt: Jedes Unternehmen ist Teil der Gesellschaft, und deshalb sollte jedes Unternehmen seinen Beitrag zur Bildung leisten.

Idealismus und Wirtschaftlichkeit schließen sich nicht aus. Das Kernstück meines Buches beschäftigt sich damit, zu beschreiben, wie es einer Firma heutzutage gelingen kann, wirtschaftlich zu handeln und qualitativ hochwertige Produkte oder Dienstleistungen zu liefern, ohne dabei ihre Ideale über Bord zu werfen. Das klingt für viele nach einem Widerspruch, aber es ist möglich. Dass zufriedene Mitarbeiterinnen, die sich wertgeschätzt fühlen und Verantwortung tragen, auch besser arbeiten, ist inzwischen erwiesen, doch in der Praxis wird diese Erkenntnis leider oft noch nicht umgesetzt. Die Säulen erfolgreichen Arbeitens, mit denen ich mich im 3. Kapitel befassen werde, sind Chancengleichheit, Toleranz, Vertrauen und gelebtes Miteinander.

Chancengleichheit ist besonders in Bezug auf Frauen bei FAB ein besonders wichtiges Thema, doch auch Menschen mit Behinderung sowie Migranten müssen in die Arbeitsgesellschaft integriert werden. In diesem Zusammenhang ist Toleranz ein weiterer Punkt, der wichtig ist. Ich spreche aber nicht von einer Gleichmachungstoleranz oder von einer alles akzeptierenden Toleranz, sondern meine damit das wohlwollende Akzeptieren anderer Lebenseinstellungen und anderer Verhaltensweisen innerhalb der Grenzen der eigenen Werte und Gesetze. Gerade im Einwanderungsland Deutschland ist es wichtig, sich darüber klar zu werden, was Toleranz bedeutet und wo sie aufhört oder gar zu weit geht. Die Begriffe Vertrauen und Gemeinschaft klingen zunächst nach »weichen« Werten, die mit der Geschäftswelt nichts zu tun haben. Ich werde aber zeigen, dass diese beiden Werte zur Wirtschaft dazugehören und dass ein erfolgreiches Unternehmen sie unbedingt braucht.

Als nächsten Schritt werde ich beschreiben, wie Führungskräfte ihr Unternehmen oder ihre Abteilung erfolgreich führen können: mit festgelegten Unternehmenszielen, mit eindeutigen Zielen für die einzelnen Mitarbeiterinnen und vor allem mit Überzeugungen und Werten, die für alle Mitarbeiterinnen Gültigkeit besitzen. Ich wünsche mir, dass meine Begeisterung Sie anstecken kann, dass Sie sich denken: »Warum eigentlich nicht? So geht es doch auch!« Oft ist es nur die Angst vor der Veränderung, die Menschen davon abhält, sich ihre Träume zu erfüllen und nach ihren Überzeugungen zu leben. Doch diese Angst ist unbegründet. Ich träume von einer Gesellschaft, in der alle Menschen gleichberechtigt leben und arbeiten. Bei FAB sind Integration, Inklusion und Toleranz nicht nur Worte, Vorschriften oder Programme, sondern ganz konkretes tägliches Leben. Und ich möchte, dass diese Werte sich weiter verbreiten, dass immer mehr Unternehmen – neben den wirtschaftlichen Gesichtspunkten – auch Gedanken über Prinzipien in ihre Strategien einfließen lassen.

2. Das Fundament allen Erfolgs: Werte und Bildung

Werte: Wo wir herkommen, was wir wollen, worauf wir uns einigen

Werte sind für das menschliche Zusammenleben unverzichtbar. Sobald zwei oder mehr Menschen zusammentreffen, müssen sie eine gemeinsame Wertegrundlage haben, damit sie erfolgreich kommunizieren können: Jede Partnerschaft, jede Familie, jede Schulklasse und jedes Unternehmen braucht solch grundlegende Verhaltensrichtlinien. Oft werden diese nicht eindeutig kommuniziert, und das kann zu Problemen im Zusammenleben oder im gemeinsamen Arbeiten führen.

Werte bilden außerdem eine Entscheidungsgrundlage: Durch sie können wir unterscheiden, was richtig oder falsch, gut oder schlecht, wichtiger oder weniger wichtig ist. Dadurch sind sie unerlässlich für ein gelungenes Zusammenleben.

In diesem Kapitel möchte ich mich mit den folgenden Fragen beschäftigen: Welche Werte brauchen wir in unserer Gesellschaft? Inwieweit leben wir diese Werte jetzt, in *diesem* Moment, auch wirklich, und wie können wir uns auch in Zukunft nach ihnen richten? Wie können wir eine Gemeinschaft bilden, die sich immer wieder die Frage danach stellt, nach welchen Werten sie leben möchte und nach welchen Werten sie sich tatsächlich richtet? Was brauchen wir, um dem Ideal einer an den richtigen Werten orientierten Gesellschaft und Wirtschaft immer näher zu kommen? Wie kann besonders in wirtschaftlichen Unternehmen werteorientiertes Handeln wieder in den Mittelpunkt gerückt werden?

Zunächst einmal ist es wichtig, sich darüber Gedanken zu machen, was Werte für uns sind. Tatsache ist, dass jeder Mensch Werte hat, nach denen er sich richtet – auch wenn das den meisten von uns vielleicht gar nicht so bewusst ist.

Doch sich der Grundlage für das eigene Handeln, also der eigenen Werte, bewusst zu werden, ist gar nicht so einfach. Schnell kommen einem große Worte in den Sinn, Ehrlichkeit und Integrität zum Beispiel, doch was genau diese Begriffe bedeuten und inwieweit wir uns tatsächlich nach ihnen richten, ist eine andere Sache. Begriffe wie Inklusion, Toleranz, Chancengleichheit, Vertrauen und Verantwortungsbewusstsein werden oft inflationär verwendet – in Gesprächen, in der Werbung, in Stellenanzeigen. Selbstständigkeit, Zuverlässigkeit, Offenheit, Leistungsbereitschaft – solche und ähnliche Begriffe mit Leben zu füllen, sie nicht nur zu verwenden, sondern auch zu leben, fällt vielen Menschen schwer. Auch und gerade in Unternehmen verkommen Wertebegriffe oft zu bloßen Worthülsen. Hinzu kommt, dass jeder eine etwas andere Vorstellung davon hat, was im Leben wichtig ist, auf welche Werte besonders geachtet werden muss. Oft werden Begriffe wie Wertschöpfung, Ertrag, Kapital, Kontrolle, Wettbewerb den klassischen Werten entgegengesetzt, und nicht selten scheint eine Entscheidung zwischen dem eigenen Überleben, dem Sich-Positionieren in der Firmenwelt auf der einen Seite und dem werteorientierten Handeln auf der anderen Seite notwendig zu sein.

Ich möchte zeigen, dass das nicht zutrifft: So hat der angebliche Konflikt zwischen Nachhaltigkeit und Wohlstand bei näherem Hinsehen keinen Bestand. Auch wenn die Entscheidung gegen eine Handlung, die Nachhaltigkeit fördern würde, oft mit der Begründung getroffen wird, dass sie gegen den Wohlstand wirken würde, ist auf lange Sicht Nachhaltigkeit die Voraussetzung für Wohlstand. Ich streite nicht ab, dass es gelegentlich offensichtliche Zielkonflikte zwischen ökonomisch rationalem und ethisch wünschenswertem Handeln gibt. Ein einleuchtendes Beispiel wäre der Umweltschutz: Maßnahmen, die die Umwelt schonen, sind ethisch wünschenswert, kosten aber oft Geld, Zeit und Arbeitskraft. Das gilt im Alltag für den Einkauf mit oder ohne Plastiktüten genau wie für den Umstieg auf den ökologischen Stromanbieter oder das Angebot saisonaler Produkte in der Unternehmenskantine.

Doch ein Unternehmen, das sich in jeder Situation an den eigenen (selbst gesetzten und reflektierten) Werten orientiert und dementsprechend handelt, ist auf lange Sicht erfolgreicher und wettbewerbsfähiger. Zuverlässigkeit in allen Bereichen, Kontinuität in den Entscheidungen, verantwortungsbewusstes Handeln in Bezug auf die Umwelt, die Kunden und die eigenen Mitarbeiterinnen führen dazu, dass Kunden sich von einem Unternehmen angesprochen fühlen. Darüber hinaus zieht ein solches Unternehmen natürlich auch qualifizierte und engagierte Mitarbeiterinnen an.

Menschen arbeiten lieber für Unternehmen (als Mitarbeiterinnen) oder mit Unternehmen (als PartnerInnen oder KundInnen) zusammen, wenn diese sich in der Vergangenheit und Gegenwart konsequent an den gleichen Grundsätzen und Werten orientiert haben – das schafft Beständigkeit und ein Gefühl der Sicherheit. Um sich als Unternehmen immer gut orientieren zu können, muss man die maßgeblichen Unternehmenswerte festlegen. Einen Weg zu gemeinsamen Unternehmenswerten werde ich am Ende dieses Kapitels beschreiben.

Die Führungskräftebefragung der Wertekommission im Jahr 2012[3] hat das Ergebnis gebracht, dass gerade sogenannte »klassische« Werte wie Vertrauen und Verantwortung immer noch als besonders wichtig gelten. Die Menschen haben noch immer das Ideal des »ehrbaren Kaufmanns« im Hinterkopf: Ein ehrbarer Kaufmann betrügt seine Kunden nicht und bietet nur von ihm

---

3 *Führungskräftebefragung 2012*. Studie der Wertekommission, Initiative Werte Bewusste Führung.

geprüfte und für gut befundene Waren an. Die Werte Vertrauen und Verantwortung sorgen, wenn sie gelebt und umgesetzt werden, in einem Unternehmen für Beständigkeit und Verlässlichkeit. Das merken und schätzen Kunden und Mitarbeiterinnen, denn Respekt geht mit Vertrauen Hand in Hand, Zuverlässigkeit ist im privaten wie im Geschäftsleben essenziell und auch Toleranz und Chancengleichheit führen zu einer gerechteren und erfolgreicheren Firma.

Wie schon erwähnt, ist es nicht schwierig, Beispiele für Werte zu finden, auf die man persönlich großen Wert legt. Im Privatleben sind beispielsweise Werte wie Verantwortung und Vertrauen besonders wichtig. Eine Partnerschaft ohne gegenseitiges Vertrauen und ein Verantwortungsgefühl für den Anderen hat nicht lange Bestand.

Nicht ganz so leicht fällt es uns, Werte zu definieren. Daran kann man erkennen, dass Werte tief in uns, teilweise im Unterbewusstsein, lokalisiert sind. Woher kommen sie aber?

Es gibt unterschiedliche Ansichten darüber, ob Menschen bestimmte Werte von Natur aus in sich tragen oder sie erst in der jeweiligen Gesellschaft erlernen. In jeder Gesellschaft – also immer, wenn Menschen zusammen leben – gibt es eine Vorstellung von »gutem« und »schlechtem« Verhalten. Die Achtung vor den eigenen Eltern zum Beispiel gilt in der christlichen, der jüdischen und der arabischen Kultur als wichtig. Sich den eigenen Eltern gegenüber respektlos zu verhalten, wird in diesen Lebenswelten als »schlechtes« Verhalten beurteilt.

In den meisten Kulturen wird auch die Ansicht vertreten, dass es nicht gut ist, ausschließlich auf den eigenen Vorteil bedacht zu handeln. Das deutet darauf hin, dass das Vorhandensein von Werten etwas ursprünglich Menschliches ist; dass die Veranlagung zu wertorientiertem Handeln also in uns vorhanden ist. Andererseits lernen Kinder Werte durch Anweisung und Vorbilder: Eltern sagen ihren Kindern, wie sie sich zu verhalten haben (zum Beispiel: »Sei nett zu deinem Spielkameraden.«) Gleichzeitig müssen Eltern ihren Kindern die Werte vorleben, die diese erlernen sollen: Behandeln sie ihre eigenen Eltern mit Respekt, ahmen die Kinder dies nach. Entspricht das Verhältnis der Eltern zur Großelterngeneration aber nicht dem, was sie von ihren eigenen Kindern verlangen, können die Kinder zwischen richtiger und falscher Behandlung der Eltern nicht unterscheiden. Ein weiteres Beispiel für nicht funktionierendes Vermitteln von Werten: Verlangt eine Mutter von ihrem Kind, immer die Wahrheit zu sagen und lügt in seiner Gegenwart andere (oder gar es selbst) an, kann das Kind nicht erkennen, ob Lügen eine gute oder schlechte Verhaltensweise ist. Der Wert »Ehrlichkeit« bekommt für es einen anderen Stellenwert als für ein Kind, dessen Vorbilder tatsächlich ehrlich sind.

Man kann davon ausgehen, dass Menschen aller Kulturen ein bestimmtes Wertesystem verinnerlicht haben und meistens auch in der Lage sind, uneigennützig zu handeln. Die konkreten Wertvorstellungen werden in der Kindheit erlernt und sind von Kultur zu Kultur unterschiedlich. Diese erlernten Werte werden zunächst einmal unreflektiert übernommen, stellen aber eine wichtige Basis für eine funktionierende Gesellschaft dar. Gerade in einer Gemeinschaft mit vielen unterschiedlichen Menschen ist eine gemeinsame Wertegrundlage Voraussetzung für die Normen und Regeln, die ein vielfältiges Miteinander ermöglichen. In Deutschland wurden die gemeinsamen Werte, die für unsere Gesellschaft und Wirtschaft prägend sind, im Grundgesetz festgehalten.

Wie kommt man zu diesen allgemein akzeptierten Normen und Regeln, obwohl verschiedene Menschen auf verschiedene Dinge Wert legen? Einzelne Menschen können zwar die gleichen Werte haben, sie aber unterschiedlich gewichten: Dem Einen ist vielleicht Vertrauen und Zuverlässigkeit wichtiger, dem Anderen Ehrlichkeit, und für einen Dritten kann Individualität der wichtigste Wert sein. Mehr noch: Die Einstellung zu verschiedenen Werten kann sich im Laufe des Lebens beträchtlich verändern. Dem Kind werden Werte von seiner Familie, seinen Lehrern und Vorbildern mitgegeben; die bewusste Beschäftigung mit ihnen findet erst später statt und führt oft zu einer Art »Korrektur« – also zu einer Anpassung an die eigene Persönlichkeit. So bekommen die in der Kindheit vermittelten Werte immer wieder andere Gewichtungen. Weil die Herausbildung der Werte Teil des unbewussten Prozesses der Sozialisation ist, können sich Werte im Lauf der Zeit verändern. Für ein Kind hat der Begriff »Verantwortung« naturgemäß eine völlig andere Bedeutung als für eine alleinerziehende Mutter. Hat ein Mensch die Auswirkungen der Nicht-Beachtung bestimmter Werte besonders heftig erfahren, sind ihm diese oft sehr wichtig: Ein Kind, dessen Eltern ihre Versprechen nicht einhalten – zum Beispiel nicht zu Schulaufführungen kommen und es nicht pünktlich von Verabredungen mit Freunden abholen –, wird später wahrscheinlich großen Wert auf Zuverlässigkeit legen. Ein Chef, der von einem Mitarbeiter hintergangen oder bestohlen wurde, ist in Zukunft vermutlich extrem sensibel, wenn es um Ehrlichkeit, Loyalität oder Integrität geht.

Hier lässt sich bereits die Notwendigkeit des Sprechens über Werte erahnen: Da jeder Mensch eine etwas andere Vorstellung davon hat, was richtig oder falsch, wichtig oder unwichtig ist, muss immer Klarheit über die jeweils gültigen Werte geschaffen werden.

Was muss jeder Einzelne tun, damit die individuellen Wertevorstellungen auf einen Nenner gebracht werden können und das Miteinander, zum Beispiel in einem Unternehmen, gut funktioniert? Für ein Arbeitsleben etwa, das der Familie genug Platz einräumt, ist oft eine außerordentliche Flexibilität von beiden Seiten notwendig: Auf Arbeitgeberseite müssen Arbeitszeitmodelle entwickelt werden, die der Familie nicht schaden, und Vertrauen spielt eine noch größere Rolle als sonst. Der Arbeitnehmer muss dafür bereit sein, auch zu ungewohnten Zeiten zu arbeiten und das in ihn gesetzte Vertrauen des Arbeitgebers durch Zuverlässigkeit zu bestätigen.

Weitere Fragen, die jeder Mensch sich immer wieder stellen muss, sind: Schaffe ich selbst es immer, mich an diese Regeln, an meine Werte, zu halten? Erwarte ich von mir selbst das gleiche wie von anderen? Gerade in der Unternehmenswelt werden auffällig oft unterschiedliche Maßstäbe gesetzt, die einem erfolgreichen Miteinander nicht zuträglich sind. Wenn ein Chef von seinen Mitarbeiterinnen absolute Pünktlichkeit erwartet, selbst aber meistens zu spät zum Meeting erscheint, müssen die Regeln und Normen des Unternehmens neu überdacht werden.

Dieses unerlässliche Nachdenken über die eigenen Werte wird durch Begegnungen mit Menschen anderer Herkunft, die eine andere Prägung und damit ein anderes Wertesystem haben, besonders angeregt: Beispielsweise machen Begegnungen mit Frauen aus einer Kultur, in der Frauen keinen Wert haben, die Wichtigkeit von Chancengleichheit erst richtig deutlich. Um eine klare Vorstellung von den eigenen Werten zu erhalten, ist es notwendig, alternative Werte kennen zu lernen und sich eine Meinung darüber zu bilden. Nur so kann man sich bewusst für die eigenen Werte entscheiden.

Hier zeigt sich ein besonderes Charakteristikum von Werten: ihre Ambivalenz. Um wirklich von eigenen Werten sprechen zu können, um eigene Werte definieren zu können, muss man sich darüber im Klaren sein, dass es Alternativen gibt, dass andere Menschen andere Vorstellungen haben. Andererseits ist es ein bestimmendes Kriterium für Werte, dass sie absolut gesehen werden müssen. Wenn ich einen Wert vertrete, dann ist er für mich selbst alternativlos. Sonst kann nicht von einem Wert die Rede sein. Obwohl bekannt ist, dass es Kulturen gibt, in denen alles andere als

Gleichberechtigung herrscht, ist Gleichberechtigung für mich ein alternativloser Wert.

Immer wieder ist die Rede vom Wertewandel oder sogar Werteverfall. Dies geschieht besonders oft in dem Zusammenhang, dass »früher alles besser« war, die Jugend »von heute« keinen Respekt und kein Benehmen mehr habe und so weiter. Es ist tatsächlich so, dass es unter den heutigen Bedingungen schwieriger geworden ist, eigene Werte zu entwickeln und daran festzuhalten: Die globale Vernetzung, der Informationsüberfluss und die neuen technischen Möglichkeiten führen dazu, dass die Gesellschaft offener wird und bisherige feste Strukturen mehr und mehr verschwinden: Familien, Kirchen und Dorfgemeinschaften sind schon sehr lange nicht mehr die einzige Orientierung für Jugendliche. Mit dem Herauslösen aus festen Strukturen ist ein Zwang zur Individualisierung und der Druck, viel mehr eigene Entscheidungen zu treffen, verbunden. Dadurch, dass es mehr Entscheidungsmöglichkeiten gibt, entsteht Unsicherheit. Es gibt kaum noch richtig oder falsch, nur noch eine unübersehbare Anzahl an Alternativen.

Eltern, Lehrer und Erzieher spielen zwar immer noch die größte Rolle in der Erziehung und folglich auch in der wertebezogenen Prägung, haben aber gegenüber den vielen anderen Bezugspunkten einen immer geringeren Einfluss auf Jugendliche.

In Studien[4] wurde jedoch ermittelt, dass Jugendliche auch heute eine funktionierende gesellschaftliche Moral fordern. Allerdings sehen Jugendliche, wie Erwachsene auch, im persönlichen Vorankommen und im (wirtschaftlichen) Erfolg besonders wichtige Werte. Dies gilt unter den Jugendlichen aber keinesfalls als

4 Z. B. der Shell-Studie *Jugend 2010*.

Widerspruch: persönliches Fortkommen und eine moralische Grundlage schließen sich nicht gegenseitig aus.

Auch ein Bericht des Instituts für Demoskopie Allensbach[5] beschreibt, dass zwar seit den 60er Jahren in Deutschland das »persönliche Glück« und »Lebensgenuss« immer wichtiger wurden, aber viele Menschen, gerade auch die jüngere Generation, wieder vermehrt im Handeln für andere den Sinn ihres Lebens sehen.

Die Orientierung in einer Welt, die groß und unübersichtlich geworden ist, das Hin- und Hergerissen Sein zwischen den unendlichen Möglichkeiten, die diese Welt bietet, und die Gestaltung des eigenen Lebens funktionieren nur mit einer reflektierten Wertehaltung. Wir müssen Wege entwickeln, gerade junge Menschen darin zu bestärken, sich mit Werten auseinander zu setzen und ihre eigenen, persönlichen Wertvorstellungen zu entwickeln.

Nicht nur die Jugend braucht Unterstützung, um ihre eigenen Werte zu definieren: In der Wirtschaft sind Werte, gerade in Anbetracht der globalisierten Welt, besonders wichtig geworden, aber leider nicht immer selbstverständlich. Genau wie im Privatleben sind sie in auch der Wirtschaft maßgebliche Wegweiser. Dr. Dieter Hundt formuliert das so: »Werte geben Orientierung, schaffen Maßstäbe, stützen die Identität: Sie sind das Geländer, an dem entlang der Lebens- und Berufsweg erfolgreich gegangen werden kann.«[6]

Ein Geländer ist ein schönes Symbol für Werte: Sie stützen uns auf unserem Weg und sorgen dafür, dass wir nicht vom Weg abkommen oder gar hinfallen. Geländer sind besonders wichtig, wenn der Weg an einem Abgrund entlangführt: Wenn unsere Entscheidungen besonders wichtig sind, wenn sie starke negative

5 Institut für Demoskopie Allensbach, *Allensbacher Berichte* 2001, Nr. 5.

6 Dr. Dieter Hundt (Arbeitgeberpräsident): *Bildungsauftrag Werteerziehung. Selbstständig denken, verantwortlich handeln.* 2002.

Konsequenzen nach sich ziehen können, dann ist eine Stütze und Orientierung durch Werte am wichtigsten.

Dieter Hundt betont, dass Unternehmen wertorientierte Mitarbeiterinnen brauchen: Heutzutage ist es wichtiger denn je, dass Mitarbeiterinnen eigenständig und eigenverantwortlich denken und handeln; dass sie selbstständig, zuverlässig und verantwortungsbewusst sind. Angesichts der komplexen Aufgaben, denen sich die Mitarbeiterinnen eines Wirtschaftsunternehmens gegenübergestellt sehen, ist die Orientierung und Stütze durch Werte notwendig. Durch die dezentrale Organisation vieler Unternehmen können sich Mitarbeiterinnen nicht für jede Entscheidung bei ihren Vorgesetzten rückversichern – sie brauchen die Fähigkeiten und Voraussetzungen, vieles selbst zu entscheiden. Das erfordert eigenständiges Denken und flexibles, verantwortliches Handeln. Auch soziale Kompetenzen wie die Zusammenarbeit in Gruppen sind heute mehr denn je gefordert.

Momentan findet ein Umdenken in der Wirtschaft statt: Viele Unternehmen legen wieder Wert auf Werte. In der Werbung sind die Versprechen, sich nach bestimmten Werten zu richten (zum Beispiel Glaubwürdigkeit), weit verbreitet. Viele Organisationen, zum Beispiel die Werte-Kommission, stehen dafür ein, dass Werte in der Wirtschaft wieder einen größeren Stellenwert einnehmen. Aber solange die Wirtschaft sich in erster Linie nach Profit und Vermehrung von Kapital richtet, sind alle anderen Werte (wenn überhaupt) nur zweites Ziel. Dann sind Nachhaltigkeit und Zusammenarbeit nur so lange Thema in einer Firma, wie sie den Profit nicht nachteilig beeinflussen.

Ein solches Vorgehen ist aus mehreren Gründen fragwürdig: Zum einen macht Geld nur bis zu einem gewissen Grad glücklich. Ab ungefähr dem Punkt, an dem die Grundbedürfnisse gedeckt sind, wird die Vermehrung von Kapital zum Selbstzweck und ist von keinem nennenswerten Nutzen mehr. Zum anderen wird von jedem einzelnen Menschen erwartet, dass er sich im Privatleben an einem Wertesystem orientiert, das auf Ehrlichkeit, Vertrauen und Rücksicht aufbaut – im Berufsleben hingegen werden oft die gegenteiligen Werte belohnt. Diese Ambivalenz ist schwer auszuhalten und noch schwerer durchzuführen. Außerdem gibt es keinen vernünftigen Grund für die Herrschaft der Profitgier in unserer Wirtschaft. Wir sollten darüber nachdenken, ob unser Wirtschaftssystem sich nicht nach den gleichen Werten richten sollte, wie sie im Privatleben selbstverständlich sind, und zwar nicht nur als Werbeaktion oder »Nebenziel«, sondern als Hauptziel. Die finanzielle Gewinnmaximierung einer Firma muss nicht das relevanteste Kriterium ihrer Strategien sein. Eine Firma funktioniert auch ohne stetig steigenden Profit – das Wichtigste ist die Zufriedenheit der Mitarbeiterinnen sowie gute Produkte oder Dienstleistungen.

Wer eine gute unternehmerische Idee hat und diese verfolgt, schafft Werte und Arbeitsplätze, stärkt die Gemeinschaft und ermöglicht nachhaltigen Wohlstand, wenn das Unternehmen auf den weiter unten beschriebenen Säulen aufbaut, handelt und wirtschaftet – das ist Erfolg.

Die Wirtschaft braucht inzwischen mehr als je zuvor Menschen mit einem bestimmten Wertebewusstsein; daher ist es ihre Aufgabe, in den Ausbildungen sowie im alltäglichen Arbeitsleben den Nachwuchs darin zu unterstützen, dieses Bewusstsein zu entwickeln und auszubauen. Das geschieht zum einen durch das aktive Vorleben und Vorbild-Sein der Vorgesetzten und Ausbildenden, zum anderen aber auch durch die direkte und konkrete Anregung zur Auseinandersetzung mit den eigenen Werten.

Ein Beispiel für die konkrete Umsetzung von Werten innerhalb einer Firma ist die FAB-Wertewolke: Die dort dargestellten Werte wurden demokratisch ausgewählt, und jedes Jahr werden von der Belegschaft zwei Werte ausgesucht, die im Vordergrund stehen.

Die Auswahl der Werte, die für FAB wichtig sind, fand folgenderweise statt: Zunächst diskutierten alle Führungskräfte auf der Grundlage von Vorschlägen, wie sie das Unternehmen sehen, was für Ziele ihnen persönlich für das Unternehmen besonders wichtig erscheinen und welche Werte bei FAB eine besondere Rolle spielen. Dabei stellten sie sich Fragen wie: Was ist FAB? Wohin soll es mit dem Unternehmen gehen? Was ist uns besonders wichtig? Die Ergebnisse der Diskussion wurden nicht etwa sofort zusammengefasst und den Mitarbeiterinnen vorgesetzt, sondern waren die Grundlage für einen Austausch mit ALLEN Mitarbeiterinnen. Dabei setzte sich jede/r MitarbeiterIn mit ihren/seinen persönlichen Werten und mit ihrer/seiner persönlichen Sicht auf FAB auseinander – erst danach entstand die FAB-Wertewolke. Diese Wolke repräsentiert nun alle Mitarbeiterinnen in ihrer Vielfalt und wird von allen unterstützt und gelebt. Und die Wertewolke bleibt kein theoretisches Konstrukt: Jedes Jahr werden neue Werte ausgewählt, die im Vordergrund stehen und an deren praktischer Umsetzung besonders und aktiv gearbeitet wird. In diesem Jahr beispielsweise sind es die Begriffe »Zusammenhalt« und »Miteinander«. Allen Mitarbeiterinnen wurde auch die Gelegenheit gegeben, ihre eigene »Geschichte« zu den Werten zu schreiben. Einige dieser wirklich sehr berührenden Geschichten können Sie am Ende des Buches lesen.

Allein die Tatsache, dass explizit auf diese Werte hingewiesen wird, kann im alltäglichen Arbeiten schon dazu führen, dass die KollegInnen bewusst den Zusammenhalt in der Firma verbessern möchten. Wichtig ist, zu betonen, dass die Umsetzung von Werten nicht nur Aufgabe der Geschäftsleitung ist, sondern dass alle Mitarbeiterinnen sich einbringen können und sich an der Entwicklung der Werte und deren Umsetzung aktiv beteiligen.

Die FAB hat sich als gemeinnützige GmbH die Fortbildung und Inklusion von Benachteiligten zum primären Ziel gesetzt. Dazu wurden unterschiedliche Zweckbetriebe eingerichtet – unter anderem gibt es eine Großküche, in der ohne Zusatzstoffe ausgewogenes Essen für Kitas und Schulen täglich frisch produziert wird. Weitere Ziele der FAB werden im Kapitel *Unternehmensziele* vorgestellt.

Bildung: Was und wie wir lernen

In diesem Kapitel möchte ich mich mit der Rolle von Bildung in unserer Gesellschaft befassen. Bildung ist eine grundlegende Voraussetzung unseres Zusammenlebens. Moderne Gesellschaften sind Leistungsgesellschaften, und das fängt schon in der Schule an. Wer mehr leistet, bekommt mehr Anerkennung, später dann einen besseren Arbeitsplatz, ein besseres Gehalt. Das bedeutet aber leider auch, dass leistungsfremde Aspekte, vor allem die soziale Herkunft, das Geschlecht, die Religion oder ethnische Herkunft, einen gewissen Nachteil bedeuten können. In Deutschland gibt es aber auch das Prinzip der Chancengleichheit. Chancengleichheit bedeutet, dass jeder Mensch, unabhängig von Herkunft, Geschlecht und Religion, die gleichen Chancen auf Bildung hat. Im Bildungswesen ist Chancengleichheit besonders wichtig. Stefan Hradil schreibt in seinem Buch *Soziale Ungleichheit in Deutschland*: »Chancengleichheit im Bildungswesen besteht dann, wenn allen unabhängig von leistungsfremden Merkmalen (wie z. B. von Bildung, Prestige und Geld der Eltern, von Geschlecht, Wohnort, »Beziehungen«, Religion, Hautfarbe, politischer Einstellung, persönlicher Bekanntschaft oder Familienzugehörigkeit) die gleiche Chance zu Leistungsentfaltung und Leistungsbestätigung eingeräumt wird.«[7]

---

7 Hradil, Stefan: *Soziale Ungleichheit in Deutschland*. 8. Aufl. Wiesbaden: VS Verlag für Sozialwissenschaften/GWV Fachverlage GmbH 2005, S. 153.

Das ist eine schöne Vorstellung, aber wir alle wissen, dass es in der Realität oft anders aussieht. Studien belegen, dass die Chancengleichheit in Deutschland noch immer eher ein schöner Traum ist als Realität. In unserer Gesellschaft muss sich noch viel verändern. Chancengleichheit bedeutet auch, dass Unternehmen und jeder einzelne von uns Verantwortung übernehmen.

Bildung ist entscheidend für die Gestaltung des Lebens, beruflich wie privat. Aber auch für Gesellschaft und Wirtschaft ist die allgemeine Bildung ein wichtiges Thema. Ohne gebildete und qualifizierte Menschen funktioniert weder das eine noch das andere. Daher können Bildung, Ausbildung und nicht zuletzt Chancengleichheit nicht nur eine Aufgabe des Staates sein.[8] Gesellschaft und Wirtschaft brauchen gebildete Menschen. Um sich erfolgreich in der Gesellschaft bewegen zu können, um die eigenen Aufgaben als Bürger dieses Landes wahrnehmen zu können, muss jeder eine bestimmte Grundbildung haben – nur so kann man das gesellschaftliche und politische Leben mitbestimmen. Bundestags- und Landtagswahlen zum Beispiel sind eine gesellschaftliche Einrichtung, die gebildete Bürger erfordert.

Wie entscheidend Bildung wirklich ist, erkennt man vor allem an den sogenannten Bildungsverlierern: Menschen, die, aus welchem Grund auch immer, keine ausreichende Bildung genossen haben, um am gesellschaftlichen und am Berufsleben teilnehmen zu können. Gerade hier ist die Initiative der Unternehmen gefragt: Wir müssen aktiv Chancengleichheit praktizieren und allen Menschen die Chance geben, sich in unsere Unternehmen positiv einzubringen.

8 Darauf werde ich im Kapitel über *Chancengleichheit* noch genauer eingehen.

Bei FAB bekommen jene Menschen eine Chance, die auf dem Arbeitsmarkt keine Gelegenheit haben, zu zeigen, was sie können. Es ist mir ganz wichtig, Menschen die Möglichkeit zu geben, sich zu beweisen und Leistungen zu erbringen. Haben sie diese Option, leisten sie Erstaunliches: Gerade diejenigen, die aufgrund sozialer Benachteiligung bisher wenige oder gar keine Chancen im Leben hatten, sind sehr engagierte und wertvolle Mitarbeiterinnen. So profitieren Unternehmen, die sich ihrer gesellschaftlichen Verantwortung stellen, auch selbst davon. Sie vergeben Chancen und erhalten großartige Mitarbeiterinnen.

Was genau ist mit dem Begriff »Bildung« denn nun gemeint? Der Begriff Bildung bezeichnet zwei unterschiedliche Dinge: erstens den Prozess der Bildung, Ausbildung, Fortbildung, der besonders bei jungen Menschen einen großen Teil ihrer Zeit und Gedanken in Anspruch nimmt. In der Schulzeit, der Ausbildungszeit oder dem Studium, genau wie bei jeder Fortbildung, sei es durch ein Wochenendseminar, ein Kurs an der Abendschule oder ein Fernstudium, findet ein Prozess der Bildung statt.

Zweitens bezeichnet der Begriff Bildung das Ergebnis dieses Prozesses. Man *hat* Bildung, wenn man einen Schulabschluss beziehungsweise eine abgeschlossene Ausbildung hat oder wenn man einfach bestimmte Dinge weiß oder kann. Gerade die Allgemeinbildung bezeichnet Wissen und Können, die allgemein vorausgesetzt werden, für die aber kein Schulabschluss maßgeblich ist. Der Prozess der Bildung wird natürlich durch die Schule gefördert, aber auch durch Fernsehen, Zeitungen, Bücher, Internet und vieles andere. Auch das Erlernen der Muttersprache und der gesellschaftlichen Regeln zählen zur Bildung. Gebildet sein bedeutet nicht nur, Lesen und Schreiben zu können oder Matheaufgaben fehlerfrei zu lösen, sondern auch zu wissen, wie man sich in zwischenmenschlichen Situationen angemessen verhält. Hatte jemand keine Möglichkeit, durch Bildung ein angemessenes Verhalten zu erlernen, bekommt er auch auf dem Arbeitsmarkt keine Chance. Spätestens beim Schulabschluss wird von jungen Menschen erwartet, dass sie eine bestimmte Allgemeinbildung besitzen und sich in der Gesellschaft gut zurecht finden. Pünktlichkeit und ein angemessener Umgangston sind nur zwei Beispiele dafür. Hier trifft der Begriff von Bildung als das Ergebnis eines Prozesses: Bildung ist etwas, das jemand besitzt (oder auch nicht), von dem ein Mensch viel oder wenig haben kann. Durch die gemeinsame Schulbildung in einer Gesellschaft wird auch ein gemeinsames Wertesystem erarbeitet und eine gemeinsame kulturelle Grundlage geschaffen. Die Verhaltensregeln einer Kultur werden unter anderem durch die Schulbildung weitergegeben.

Das Verhalten der Vorbilder in der Schule, vor allem der LehrerInnen, und die Erwartungen an die SchülerInnen in Bezug auf Zusammenarbeit, Teamfähigkeit, Leistungsbereitschaft und Ehrlichkeit sind maßgeblich für das sich entwickelnde Werteverständnis. In der Schule lernen die SchülerInnen zum Beispiel, dass es schlecht ist, sich anderen gegenüber rücksichtslos zu verhalten, und sie erproben Wege, wie in der Klassengemeinschaft miteinander ein gemeinsames Ziel erreicht werden kann. Wertekonformes Handeln wird von den anderen Kindern und den LehrerInnen belohnt, wohingegen ein Verhalten, das den gesellschaftlichen Regeln widerspricht, bestraft wird: Betrug, Abschreiben, rücksichtsloses Verhalten im Unterricht können zu schlechten Schulnoten und anderen Konsequenzen führen. Noch wichtiger ist, dass SchülerInnen, die die Normen des Zusammenlebens missachten, von den anderen Mitgliedern der Schulgemeinschaft keine Anerkennung bekommen. So ist die Schule ein Ort, an dem ganz praktisch Bildung vermittelt und die Herausbildung eines bestimmten gesellschaftlichen Verhaltens gefördert wird. Ein Leben, in dem wir von anderen

Mitgliedern der Gesellschaft anerkannt und geschätzt werden, ist ohne (Schul-)Bildung in Deutschland kaum möglich.

Studien verweisen außerdem darauf, dass mit steigendem Bildungsniveau auch die Teilnahme der Menschen am politischen und gesellschaftlichen Leben wächst: Im Durchschnitt haben gebildetere Menschen ein erhöhtes Interesse an Politik und an kulturellen Themen; diese Menschen engagieren sich auch häufiger im sozialen Bereich. Diese Studien konnten sogar nachweisen, dass gebildete Menschen ein erhöhtes Gesundheitsbewusstsein haben: Sie sind über gesundes versus ungesundes Verhalten, über die Anzeichen bestimmter Krankheiten und die Notwendigkeit von Vorsorgeuntersuchungen gut informiert. Eine Gesellschaft, die vor allem aus gebildeten Menschen besteht, ist also im Durchschnitt gesünder und politisch, gesellschaftlich und sozial engagierter.

Den Stellenwert der Bildung in unserer Gesellschaft erkennen wir besonders da, wo sie fehlt. Mangelnde Bildung ist der Auslöser für vielfältige Probleme. Ohne Bildung bekommt man keinen Ausbildungsplatz, und ohne Ausbildung bekommen die wenigsten Menschen die Chance, sich auf dem Arbeitsmarkt zu beweisen. Die sogenannten Bildungsverlierer, also diejenigen, die nur einen niedrigen, schlechten oder gar keinen Schulabschluss haben, werden von der Gesellschaft sehr schnell »abgehakt« oder als Verlierer abgetan. Die Bildung eines Menschen bestimmt also auch das Bild, das andere von ihm haben, und die Chancen, die er im Leben erhält. Langsam entwickelt sich in Deutschland ein Bewusstsein dafür, dass es diese Bildungsverlierer gibt und welche Mechanismen dafür verantwortlich sind. Anhand von statistischen Daten konnte beispielsweise nachgewiesen werden, dass Kinder aus Familien mit Migrationshintergrund bei gleichen Noten am Ende der vierten Klasse viel seltener eine Empfehlung für das Gymnasium erhalten als Kinder aus deutschen Akademikerfamilien. Viele Lehrer glauben einfach nicht, dass Kinder mit Migrationshintergrund die Voraussetzungen für das Gymnasium erfüllen. Aber oft haben sie tatsächlich schlechtere Noten als ihre MitschülerInnen ohne Migrationshintergrund. Das kann daran liegen, dass die Eltern dieser Kinder oft keine Möglichkeit haben, ihre Kinder in der Schule zu unterstützen, weil ihnen die notwendige Sprachkompetenz fehlt. Oft ist auch kein Geld für Nachhilfe da. Außerdem kennen Kinder, die einen anderen kulturellen Hintergrund haben, oft die ungeschriebenen Regeln des Zusammenlebens in Deutschland nicht: Sie treffen nicht den richtigen Ton im Gespräch mit den Lehrern. Das alles führt dazu, dass Grundschullehrer die Fähigkeiten von Kindern mit Migrationshintergrund oft geringer einschätzen als die von deutschen Kindern. Sicher gilt das nicht für alle Lehrer und nicht für alle Kinder, aber doch für überdurchschnittlich viele. Die Einschätzung durch die Grundschullehrerin oder den Grundschullehrer hat weitreichende Konsequenzen und kann sich auf das gesamte Leben der Kinder auswirken.

Die Selbsteinschätzung eines Kindes wird außerdem maßgeblich dadurch beeinflusst, wie viel ihm ein Erwachsener zutraut. Ist ein Kind von Erwachsenen umgeben, die ihm nicht viel zutrauen, traut es sich selbst auch nicht viel zu. Die Erforschung solcher Phänomene ist ein notwendiger erster Schritt in Richtung Chancengleichheit. Nur, wenn wir wissen, dass und wie Ungleichheit entsteht, können wir etwas dagegen tun.

Jeder Mensch hat einen Wert, und jeder Mensch hat die Chance verdient, sich zu beweisen. Das gilt ohne Ausnahme, unabhängig von Herkunft, Alter und Geschlecht. Es gibt mehr als nur eine Möglichkeit, Bildung zu erlangen. Die klassische Vorgehensweise (Schule, Universität und Ausbildung) ist ein Weg, aber auch viel später kann man eine Ausbildung beginnen, einen Kurs machen, etwas Neues lernen, sich weiterentwickeln, sich fortbilden. Das Stichwort hier lautet »lebenslanges Lernen«.

Für die Integration in Deutschland sind Sprachkenntnisse besonders wichtig. Diese können immer weiter entwickelt und ausgebaut werden. Sprach- und Integrationskurse sind gerade für Migranten oft entscheidend, damit diese sich in Deutschland einleben und in die Gesellschaft integrieren können.

Leider ist die Realität hier nicht so, wie sie sein sollte. Viele Menschen bekommen eben nicht die Chancen, die sie verdient hätten. Die Shell-Studie *Jugend 2010*[9] hat ergeben, dass junge Menschen ohne Schulabschluss nur äußerst selten die Chance erhalten, eine Ausbildung zu absolvieren. Doch Abschlüsse, Sprachkenntnisse und Zeugnisse sind nicht alles im Leben. Wir werden nach Noten, nach Zahlen, nach den Daten auf unserem Lebenslauf beurteilt – der Wert eines Menschen lässt sich dadurch jedoch schlecht messen. Schulnoten und Ausbildungsabschlüsse entsprechen nicht immer den persönlichen Stärken und Fähigkeiten.

Unternehmen, die über Arbeitskräftemangel klagen, sehen oft nicht, was für ein Potenzial sie verschwenden. Bewerbungen werden viel zu leicht wegen schlechter Zeugnisse abgelehnt. Wir müssen uns weniger auf die Defizite der Bewerber konzentrieren als auf ihre Fähigkeiten: Einwanderer, die das erste Mal in Deutschland die Chance bekommen, sich eine Stellung in der Gesellschaft zu erarbeiten, setzen oft ihre gesamte Kraft ein, um sich zu beweisen. Davon profitieren Unternehmen ungemein. Jugendliche, die nach einer Schulkarriere, in der sie nie gefördert wurden und nach vielen abgelehnten Bewerbungen doch noch angestellt werden, sind gerne bereit, die erforderlichen Fähigkeiten und sozialen Kompetenzen

9 Prof. Dr. Mathias Albert u.a. (Hrsg.): *Jugend 2010.* 16. Shell Jugendstudie. Fischer Taschenbuch Verlag 2010.

zu erlernen. Sie werden zu hoch motivierten und engagierten Mitarbeiterinnen, und auf solche kann kein Unternehmen verzichten.

Im letzten Jahr blieben bei Fraport trotz einer Vielzahl an Bewerbern viele Ausbildungsstellen unbesetzt: Zahlreiche Bewerber schienen nicht die richtigen Voraussetzungen zu erfüllen, um eine Ausbildungsstelle anzutreten. Entweder waren die Schulnoten zu schlecht, oder die sozialen Kompetenzen und Umgangsformen waren nicht ausreichend vorhanden. Anstatt sich über den Arbeitskräftemangel zu beschweren, nahm Fraport seine gesellschaftliche Verantwortung wahr und entwickelte das Programm »Startklar«, bei dem 12 Jugendliche die Voraussetzungen erlernen sollen, um im nächsten Jahr ihre Ausbildung beginnen zu können. Die Jugendlichen lernen Umgangsformen, Pünktlichkeit und Umgangston und holen nach, was sie in der Schule versäumt haben. Fraport schafft sich auf diese Weise qualifizierte und hoch motivierte Auszubildende. Die Qualifizierung und Ausbildung der Mitarbeiterinnen kann nicht nur Aufgabe des Staates sein. Jedes Unternehmen ist selbst dafür verantwortlich, die eigenen Mitarbeiterinnen so auszubilden, dass sie sich ins Unternehmen einbringen können. Dieses Bewusstsein fehlt leider in vielen Unternehmen.

Bei FAB ist Bildung einer der drei grundsätzlichen Arbeitsbereiche. Ausbildung, Weiterbildung und Fortbildung nehmen wir sehr ernst. Ich denke bei diesem Thema gerne an eine meiner Mitarbeiterinnen, eine junge Frau, die bei FAB ausgebildet wurde. Sie war während ihrer Ausbildung krankheitsbedingt sehr oft nicht da. Schon während des Vorstellungsgespräches hatte sie von ihrer Krankheit erzählt und außerdem darauf hingewiesen, dass sie in Mathematik schon immer Schwächen hatte.

Sie bekam bei FAB dennoch die Chance, eine Ausbildung zur Bürokauffrau zu machen, weil sie im Vorstellungsgespräch durch ihre Offenheit und Leistungsbereitschaft überzeugte: Sie sagte, sie sei zu allem bereit und sie wolle sich besonders anstrengen, um die Ausbildung zu schaffen und sich im Unternehmen einzubringen. Ihre Bereitschaft und ihre Überzeugungskraft haben uns bei FAB so begeistert, dass wir sie gerne ausgebildet und unterstützt haben. Im Ausbildungsalltag haben alle ihre Kolleginnen ihr immer wieder geholfen, besonders, was die Mathematik anging. Wir haben darauf geachtet, dass sie viel Buchhaltung machte, um für ihre Mathe-Abschlussprüfung zu üben.

Nach der Ausbildung hat sie sehr hart darum gekämpft, für FAB arbeiten zu dürfen – das Unternehmen, das sie während ihrer Ausbildung so sehr unterstützt hat – und nun ist sie eine große Bereicherung in der Personalabteilung. Frau Schneider kann ausgesprochen gut Menschen einschätzen, und wir haben eine Stelle für sie gefunden, in der sie diese Stärke besonders einbringen kann. Bei Vorstellungsgesprächen hat sie ein untrügliches Gespür dafür, ob sich jemand für eine Stelle eignet oder nicht. Es ist eine große Freude, zu sehen, wie sie sich bei FAB entwickelt hat, und wir sind auf ihre weitere Entwicklung gespannt.

Frau Nowikowa, eine Bereichsleiterin bei FAB, ist ein weiteres gutes Beispiel für einen persönlichen Aufstieg: Sie fing vor ungefähr 11 Jahren als Sachbearbeiterin an und hat sich immer weiter fortgebildet und weiterentwickelt, so dass sie jetzt Abteilungsleiterin ist. Sie beschreibt, wie sie am Anfang schon nach 9 Monaten ins kalte Wasser geworfen wurde und die Lohnbuchhaltung übernommen hat. Für diese Aufgabe hat sie in der Abendschule der IHK die Ausbildung zur Lohnbuchhalterin gemacht. Im Moment macht sie neben ihrer Vollzeitstelle als Führungskraft ein Fernstudium. Außerdem ist sie Mutter von zwei Kindern. Das alles hat sie geschafft, weil sie bei FAB unterstützt wurde, weil sie immer anspruchsvollere Aufgaben bekam. So viel ihr auch zugetraut wurde, sie hat es immer geschafft. Für FAB ist sie nun eine wertvolle Stütze, die sich auskennt und ihren Beruf ausgesprochen gut beherrscht.

Diese Beispiele zeigen, dass wir in der Wirtschaft ein Bewusstsein dafür entwickeln müssen (beziehungsweise das schon vorhandene Bewusstsein ausbauen sollten), wie viel ungenutztes Potenzial auch in benachteiligten Menschen steckt und wie individuelle, an den einzelnen Menschen angepasste Ausbildungswege gefunden werden können. Das sollte eine wichtige Aufgabe jeder Firma sein, und insbesondere gemeinnützige Organisationen gehen hier teilweise mit gutem Beispiel voran. Aber auch Fraport hat sich der Herausforderung gestellt, seiner Verantwortung nachzukommen und zieht daraus sogar einen Vorteil für das Unternehmen: Mitarbeiterinnen, die in einer Firma die Chance bekommen haben, sich fortzubilden, besitzen ein größeres Commitment.

3. Die vier Säulen erfolgreicher Unternehmen

3.1 Zur Einleitung: Gemeinnützigkeit – was ist das?

Nachdem ich in den vorangegangenen Kapiteln die Grundlagen für gemeinschaftliches Leben und Arbeiten, nämlich Werte und Bildung, behandelt habe, geht es in diesem Kapitel darum, zu zeigen, was eine gemeinnützige Organisation ausmacht und nach welchen Prinzipien sie sich richtet. Ich werde zuerst erklären, was Gemeinnützigkeit ist und daraufhin die vier Säulen näher betrachten, auf denen sie ruht: Chancengleichheit, Toleranz, Vertrauen und gelebtes Miteinander.

»Gemeinnützigkeit« ist, wie ich schon eingangs erwähnt habe, zunächst einmal eine Rechtsform einer Firma. Ist eine Firma als »gemeinnützig« anerkannt, verpflichtet sie sich nachweisbar dem Wohle aller. In ihrer Satzung ist der Unternehmenszweck festgelegt, der gemeinnützig, ausschließlich und unmittelbar verfolgt werden muss. Die Aktivitäten der gemeinnützigen Firma dürfen nur dem Erreichen des gemeinnützigen Zwecks dienen.

Ich möchte mit meinem Buch aber nicht nur Unternehmen ansprechen, die »Gemeinnützigkeit« schon im Namen verankert haben, sondern alle. Menschlichkeit als Grundwert im Betrieb zu etablieren, sich bei der Arbeit am Menschen und an der Gemeinschaft zu orientieren – das sollten Ziele jeder Firma, jeder Organisation und jedes Unternehmens sein. Selbstverständlich ist Menschlichkeit in puncto Führung kein Ersatz für qualitativ hochwertige Produkte oder Dienstleistungen und gute Leistungen – beides muss in jedem Unternehmen den gleichen Stellenwert haben.

Aber was zeichnet eine solche Organisation aus, was unterscheidet sie von anderen Organisationen? Das möchte ich in diesem Kapitel erläutern. Außerdem lege ich dar, dass sich jede Organisation nach den Prinzipien des Nutzens für die Gemeinschaft richten sollte. Wenn Gemeinschaft in unserer heutigen Gesellschaft »echten« Stellenwert hätte und sich nicht nur auf hohle Formeln (wie »Corporate Identity«, »Code of Conduct«) beschränken würde, gelänge uns ein nachhaltiges Wirtschaften sicher besser.

Die Frage danach, wie wir alle als Menschen jetzt und in Zukunft miteinander leben wollen, sollte nicht nur Weltverbesserer, Protestierer und Philosophen beschäftigen, sondern uns alle, und die Antwort darauf kann sicher nicht sein, dass Unternehmen eine lediglich auf Gewinnmaximierung orientierte Unternehmenskultur der Boni, Gesellschafterinteressen und des Profitstrebens schaffen und erhalten. Auch Firmen müssen die neuen Ansprüche an das Leben und Arbeiten berücksichtigen, darauf eingehen und danach handeln. Schließlich verbringen Arbeitnehmer einen Großteil ihrer Zeit im Unternehmen. Heutzutage lassen sie sich die Arbeitszeiten nicht mehr so einfach wie früher vorschreiben; es gibt neue Gesetze zu Elternzeit und Kinderbetreuung. In vielen Bereichen müssen individuelle Lösungen gefunden werden – ein einziges Arbeitszeitmodell passt nicht mehr für alle. Wie solche Lösungen aussehen und funktionieren können, werde ich in den folgenden Kapiteln zeigen.

Wie erwähnt, leite ich eine Firma, deren gesetzliche Aufgabe es ist, das Gemeinwohl zu fördern. FAB ist durch ihr Firmenleitbild und den inneren Zusammenhalt besonders tolerant und offen. Jede einzelne Mitarbeiterin spürt den besonderen Geist sowie den Zusammenhalt – und alle erleben das Gefühl, etwas Gutes für die Gemeinschaft zu tun. Unsere Organisation lebt ihre Grundsätze sowohl nach außen, in Bezug auf Kunden und Umwelt, als auch nach innen, in der Zusammenarbeit.

In den nachfolgenden Kapiteln werde ich die entscheidenden vier Säulen erfolgreichen Wirtschaftens vorstellen. Sie sollten in allen Firmen, ob Kleinunternehmen, Aktiengesellschaft oder Konzern sowie in allen Institutionen Standard werden, egal, ob es sich um gemeinnützige, soziale oder wirtschaftliche Einrichtungen handelt. Diese vier Aspekte sind Chancengleichheit, Toleranz, Vertrauen und gelebtes Miteinander.

In einer erfolgreichen Organisation ist sich jede/r MitarbeiterIn und jede Führungskraft der Verantwortung bewusst, die die Firma hat: für die Umwelt, die KundInnen und auch für die eigenen Mitarbeiterinnen. Mitarbeiterinnen und Mitarbeiter wissen um die Verantwortung, die sie tragen – nicht zuletzt auch für sich selbst. Die bewusste Verantwortung für das eigene Leben und Handeln ist die Voraussetzung dafür, sich auch der Verantwortung für die Umgebung zu stellen. Jeder Mensch beeinflusst durch die eigenen Entscheidungen und Taten seine Mitmenschen und seine Umwelt. Dieser Einfluss kann gut oder schlecht sein, in beiden Fällen aber liegt er in der Verantwortung der entscheidenden und handelnden Person.

Die eigene Verantwortung wird viel zu häufig ignoriert. Es werden Sündenböcke gesucht, es wird versucht, die eigene Schuld auf andere abzuladen oder die Anerkennung für fremde Verdienste für sich selbst zu beanspruchen. Doch ein verantwortungsbewusstes Handeln ist genau das Gegenteil davon. Wenn bei Entscheidungen die Konsequenzen für Mitmenschen und Umwelt bedacht und berücksichtigt werden, dann sind die Chancen, dass nachhaltiger und vernünftiger gewirtschaftet wird, erheblich größer.

Verantwortung zu tragen bedeutet auch, unangenehme Entscheidungen zu treffen. Es gibt wirtschaftliche Umstände, unter denen selbst in einer Firma, die sehr auf Gemeinschaft und Verantwortung bedacht ist, Mitarbeiter entlassen werden müssen, um die Arbeitsplätze aller anderen zu retten. Gibt es keine andere Möglichkeit und sind die Konsequenzen sowohl für die Entlassung als auch für die Nicht-Entlassung der Mitarbeiterinnen bedacht worden, ist manchmal das Kündigen das kleinere Übel. Oder ein Mitarbeiter oder eine Mitarbeiterin verhält sich unangemessen und schadet damit dem Unternehmen und anderen Mitarbeiterinnen. Dann sind arbeitsrechtliche Konsequenzen unbedingt notwendig.

Es gibt wirtschaftlich notwendige Entscheidungen, aber es gibt auch Entscheidungen, die keinen anderen Zweck verfolgen als den der Gewinnmaximierung. Solche Entscheidungen, die nur dem Profit dienen, gehen auf Kosten der Menschlichkeit und schaden damit der Gesellschaft. Ich bin ganz klar gegen die Schließung ganzer Produktionsstandorte, die dann aus steuerlichen Gründen in ein anderes Land verlegt werden mit dem einzigen Ziel, den Profit des Unternehmens zu maximieren. Aber der Weg der verantwortungsvollen Entscheidung ist nicht immer der, den man sich wünscht.

Ein menschenorientiertes, verantwortungsbewusstes Leitbild des Unternehmens trägt stark zu seiner Attraktivität als Arbeitgeber bei. Die Tatsache, dass ein Unternehmen Verantwortung für seine Umgebung und die darin lebenden Menschen übernimmt, ist oft ein Grund für eine Bewerbung bei genau diesem Unternehmen. Da gerade qualifizierte Bewerbungen immer mehr zur Mangelware werden, müssen Unternehmen erkennen, dass es auch ihre Aufgabe ist, für potenzielle Angestellte attraktiv zu sein. Eine glaubwürdige und ernst gemeinte Orientierung an Werten und Zielen ist ein entscheidender Faktor bei der Konkurrenz um qualifizierte Bewerber.

Eine meiner Mitarbeiterinnen, die im Kapitel über Bildung schon erwähnt wurde und heute in der Personalabteilung tätig ist – Frau Schneider –, beschreibt, wie sie bei der Jobsuche auf die Internetseite von FAB stieß und dachte: »Alles klar. Da gehst du hin.« Sie wollte unbedingt bei FAB arbeiten, weil das Unternehmen gemeinnützig ist und sich an Werten und Zielen orientiert, die Frau Schneider befürwortet. Eine andere Mitarbeiterin nennt den Facettenreichtum bei FAB als ausschlaggebendes Kriterium für ihren Wunsch, hier zu arbeiten. Dass viele verschiedene Menschen mit den unterschiedlichsten Lebensläufen und Startbedingungen für FAB arbeiten, macht die Arbeit besonders interessant.

Facettenreichtum ist eine Art von Reichtum, die mit Geld nicht aufzuwiegen ist. Facettenreichtum in einer Organisation wird erreicht durch eine große Flexibilität, individuelle Arbeitszeitmodelle und die Bereitschaft, auf jede/n MitarbeiterIn und seine oder ihre Bedürfnisse und Fähigkeiten individuell einzugehen. Bei FAB werden die Mitarbeiterinnen auch unterstützt, wenn sie in Situationen kommen, in der sie unbürokratisch Hilfe brauchen – ob es sich nun um einen dringend benötigten Vorschuss handelt oder einfach nur um einen Rat. Meine Mitarbeiterinnen können sich auf meine Unterstützung verlassen. Und es ist mir herzlich recht, wenn es immer wieder individuelle Fragestellungen gibt. Das macht die Arbeit manchmal schwieriger, aber eben auch abwechslungsreicher.

Im Folgenden möchte ich konkret und anhand von Beispielen deutlich machen, in welcher Form eine Organisation gemanagt werden muss, damit eine gute und arbeitsorientierte Atmosphäre entsteht und optimale Ergebnisse erzielt werden können. Selbstverständlich ist menschenorientiertes Handeln kein Ersatz für fachliche Kompetenz und exzellente Beherrschung der Firmenaufgaben. Das erfolgreiche, gute, menschliche Arbeiten basiert neben der fachlichen Kompetenz auf den vier zu Beginn dieses Kapitels erwähnten Säulen, die gleich anschließend vorgestellt werden. Sind diese vier Voraussetzungen – Chancengleichheit, Toleranz, Vertrauen und gelebtes Miteinander – in einer Firma gegeben, werden sich die Mitarbeiterinnen mit großer Wahrscheinlichkeit für das, was sie tun, begeistern. Und nur dann können sie es auch gut tun.

3.2 Chancengleichheit

Nachdem ich im letzten Kapitel die Aufgaben einer gemeinnützigen Firma beschrieben habe, werde ich nun die erste der vier Säulen beschreiben, auf denen gemeinnütziges, menschenorientiertes Arbeiten und Wirtschaften aufbaut: die Chancengleichheit. Das Bundesministerium für Forschung und Bildung unterstreicht in seiner Broschüre *Chancengerechtigkeit in Bildung und Forschung:* »Chancengerechtigkeit ist eine notwendige Voraussetzung für Exzellenz und Innovation. Ihre Verwirklichung ist eine Anwartschaft auf die Zukunft.«[10] Für ein Unternehmen bedeutet Chancengleichheit, dass bei der Einstellung niemand benachteiligt wird – ob er eine Behinderung hat, lange arbeitslos war oder einen Migrationshintergrund hat. Schafft es ein Unternehmen, sich an die Bedürfnisse ganz verschiedener Menschen anzupassen, bringt das große Vorteile.

Auch in unserem Grundgesetz wird Chancengleichheit gefordert. Im Artikel 3 Absatz 3 unseres Grundgesetzes heißt es: »Niemand darf wegen seines Geschlechts, seiner Abstammung, seiner Rasse, seiner Sprache, seiner Heimat und Herkunft, seines Glaubens, seiner religiösen oder politischen Anschauungen benachteiligt oder bevorzugt werden. Niemand darf wegen seiner Behinderung benachteiligt werden.«

Trotz dieser klaren Verankerung im Grundgesetz gibt es massive Probleme in der praktischen Ausführung der Chancengleichheit. Gerade in der Arbeitswelt haben Migranten, Behinderte, Langzeitarbeitslose und Frauen nicht in ausreichendem Maß die Chance, sich zu beweisen. Das muss sich ändern. Ich werde in diesem Kapitel zeigen, wie es einem Unternehmen gelingen kann,

---

10 Bundesministerium für Forschung und Bildung (Hrsg.): *Chancengerechtigkeit in Bildung und Forschung.* Bonn Berlin 2009, S. 7.

aktiv an Chancengleichheit zu arbeiten, und was notwendig ist, damit verschiedene Personen gut und sinnvoll arbeiten können. Denn Unternehmen und Organisationen, die mit vielen unterschiedlichen Menschen arbeiten, profitieren von der Vielfalt und den verschiedenen Blickwinkeln der Mitarbeiterinnen.

Chancengleichheit bedeutet, dass jeder Mensch die gleiche Chance auf Vorankommen hat, auf gleichen Lohn für gleiche Arbeit, auf den gleichen Zugang zu Bildung. Niemand darf wegen seiner Herkunft, seines Geschlechts oder einer Behinderung benachteiligt werden. Dieser Wert ergibt sich aus der Überzeugung, dass jeder Mensch einen Wert in der Gesellschaft hat, dass jeder Mensch es verdient, eine angemessene Arbeit und eine angemessene Bezahlung zu erhalten. Sind die Chancen in einer Gesellschaft ungleich verteilt, wird das als ungerecht empfunden: In Deutschland sind laut einer aktuellen Studie nur 23 Prozent der Bürger der Meinung, dass auf dem Arbeitsmarkt gerechte Chancen gesichert sind.[11] Auf die Frage, ob sie die Bildungschancen in Deutschland für gerecht hielten, antworteten immerhin 40 Prozent der Befragten mit Ja.

Im Kapitel über Bildung habe ich schon beschrieben, wie insbesondere Kinder mit Migrationshintergrund oft nicht die gleiche Chance erhalten, einen guten Bildungsweg zu durchlaufen wie die Kinder von Deutschen. Chancengerechtigkeit in der Bildung ist aber eine Grundvoraussetzung für Chancengerechtigkeit im Arbeitsleben.

In diesem Kapitel werde ich mich mit den besonderen Bedingungen der Beschäftigung von vier Gruppen beschäftigen, die in der Arbeitswelt benachteiligt werden: Menschen mit Behinderung oder mit Migrationshintergrund, Langzeitarbeitslose und Frauen.

11 Was ist gerecht? Gerechtigkeitsbegriff und -wahrnehmung der Bürger. Untersuchung des Institut für Demoskopie Allensbach 2013.

Alle diese Menschen haben auf dem Arbeitsmarkt nicht die gleichen Chancen wie die anderen.

Die Einstellung eines Menschen mit Behinderung ist oft mit Aufwand verbunden: Büroräume müssen so umgebaut werden, dass dem Mitarbeiter der Zugang zu seinem Arbeitsplatz, zu den Toiletten und Fluchtwegen ohne Probleme möglich ist. Arbeitgeber scheuen oft die Kosten und den Mehraufwand, die mit der Einrichtung eines behindertengerechten Arbeitsplatzes verbunden sind, und sehen dabei die vielen Vorteile nicht, die die Einstellung eines Menschen mit Behinderung mit sich bringt: »Die Praxis zeigt, dass Menschen mit Handicap aufgrund ihrer Problemlösefähigkeit oft im besonderen Maße zu übertragbaren, flexiblen Lösungen im beruflichen Alltag beitragen. Außerdem sind sie meist überdurchschnittlich motiviert und erbringen ausgezeichnete Leistungen. Die Integration behinderter Menschen fördert allgemein die interne Zusammenarbeit und kann so wesentlich zum Erfolg sowohl des Arbeitgebers als auch der Arbeitnehmer/innen beitragen.«[12]

Am Paul-Ehrlich-Institut, dem Bundesinstitut für Impfstoffe und biomedizinische Arzneimittel, werden seit 1996 vermehrt Menschen mit Behinderung eingestellt und Projekte entwickelt, die der Integration behinderter Menschen in den Arbeitsmarkt dienen. Eines dieser Projekte ist das »Tandem-Projekt«, in dem jeweils ein Behinderter und ein Nichtbehinderter als Partner zusammenarbeiten. Dieses Projekt könnte als Vorbild für viele weitere dienen.

---

12 Maria Hopf, Stephan Steckelbroeck, Annetraud Grote: *Barriereabbau in den Köpfen und am Arbeitsplatz – ein Praxisbericht aus dem Paul-Ehrlich-Institut* (Vortrag beim Workshop »Chancengerechtigkeit in der Wissenschaft? Zum Umgang mit Behinderung und Migration« im Rahmen der Vorbereitung des zweiten Bundesberichtes zur Förderung des wissenschaftlichen Nachwuchses in Deutschland (BuWiN II), 2013.

Barrierefreiheit bedeutet nicht nur abgeflachte Bordsteine, sondern auch eine geistige Offenheit und Flexibilität gegenüber Neuem und Unbekanntem. Diese Flexibilität ist auch bei der Einstellung von Menschen mit Migrationshintergrund erforderlich. Nicht nur für Menschen mit Behinderung, sondern auch für Deutsche mit Migrationshintergrund sieht die Arbeitswelt anders aus als für Deutsche ohne Migrationshintergrund. Eine Studie der Bundesagentur für Arbeit im Dezember 2012 hat ergeben, dass ungefähr jeder dritte Arbeitslose einen Migrationshintergrund hat. Bei Hartz-IV-Empfängern ist der Anteil der Migranten sogar noch höher; er liegt bei 42 Prozent.[13] Außerdem ist der Zugang zu öffentlichen Ämtern für Migranten in keinem anderen OECD-Land so schwierig wie in Deutschland.[14]

Die Agentur für Arbeit schreibt in der Pressemitteilung zu ihrer neuesten Studie, dass fehlende Bildung bei der Arbeitslosigkeit der Migranten eine große Rolle spiele: Mehr als die Hälfte der arbeitslosen Migranten in Deutschland hat keine abgeschlossene Berufsausbildung. Der wichtigste Schritt, der auf gesellschaftlicher Ebene durchgeführt werden muss, ist also, die Ungleichheit im Bildungssystem zu beseitigen und Menschen mit Migrationshintergrund die gleichen Bildungschancen zu ermöglichen wie Deutschen. Die Weichen dazu werden im Bildungssystem gestellt: Gerade bei Migranten ist Bildung (wie schon mehrfach erläutert) entscheidend für eine gelungene Integration und die Möglichkeit zu arbeiten. In den Bildungseinrichtungen müssen außer der Sprache – was eine wichtige Notwendigkeit darstellt – auch die gemeinsamen Werte vermittelt werden. Wenn wir es schaffen, die Bildungschancen von

---

13 *Arbeitsmarkt nach Migrationshintergrund*. Studie der Bundesagentur für Arbeit. Dezember 2012. Presse-Info 029 vom 28.05.2013.

14 *Internationaler Migrationsausblick der Organisation für wirtschaftliche Zusammenarbeit und Entwicklung* (OECD), 2013.

Migranten zu verbessern, dann werden sie auch bessere Chancen auf dem Arbeitsmarkt haben.

Das Problem bei der Behandlung von Chancengleichheit im Zusammenhang mit Migration ist, dass es hier sehr viele Daten und Studien gibt, aber nur sehr wenige eindeutige Ergebnisse und noch weniger tragfähige Lösungen. In der Politik wächst das Bewusstsein, dass »irgendetwas« falsch läuft und geändert werden muss, aber die Gründe für den hohen Migrantenanteil bei den Arbeitslosen können nicht genau benannt werden; die politischen Maßnahmen beschränken sich im Moment vor allem auf Aussagen wie: »Wir müssen alle offener und toleranter werden.«

Einzelne Unternehmen müssen sich gerade in Bezug auf Migranten fragen, was sie tun können, um diesen den Einstieg und die Qualifikation für die offenen Stellen zu ermöglichen. Der Staat kann solche Probleme nicht allein lösen – hier sind jede und jeder Einzelne gefragt. Wir müssen uns überlegen, was wir tun können, um es auch Migranten zu ermöglichen, sich konstruktiv in unsere Unternehmen einzubringen. Die deutsche Sprache zu beherrschen ist der erste und wichtigste Schritt dazu. Kleine, regionale Projekte – wie zum Beispiel die Sprach- und Integrationskurse von FAB – erreichen die betroffenen Menschen direkt und sind ausgesprochen wirksam.

Der Vorteil, den ein Unternehmen durch die Beschäftigung von Migranten hat, liegt auf der Hand: Sie bringen andere Perspektiven ein und führen zu einer vielfältigen Gemeinschaft. Grundsätzlich lebt FAB – wie jede gute Firma – auch ein wenig von der Vielfalt, die hier ermöglicht wird. Kommt man vormittags um 10 Uhr hierher, sieht man Menschen aus allen Kulturen dieser Welt, Kinder sowie ältere Menschen. Und genau deshalb macht mir persönlich

FAB so viel Freude. Der Arbeitsalltag ist vielfältig, und die Anforderungen, die permanent gestellt werden, sind unterschiedlichster Art. Angestellte in einem Küchenbetrieb kommunizieren anders als eine Sprachlehrerin oder wiederum eine Sozialarbeiterin oder eine Kinderbetreuerin.

Die dritte Gruppe, deren Chancen am Arbeitsmarkt nicht ausreichend vorhanden sind, sind Langzeitarbeitslose. Arbeitslosigkeit entwickelt sich leicht zu einem Teufelskreis: Je länger eine Person arbeitslos ist, desto schwieriger fällt es ihr, eine neue Stelle zu finden. Das liegt vor allem daran, dass Personalentscheider Langzeitarbeitslosen gegenüber Vorbehalte haben. Bei einer Umfrage des Instituts für Arbeitsmarkt- und Berufsforschung[15] gaben nur 33 Prozent der befragten Personalentscheider an, dass sie prinzipiell bereit seien, Bewerbungen von Langzeitarbeitslosen zu berücksichtigen. 33 Prozent der Befragten gaben an, nur Bewerbungen von Menschen genauer zu beachten, die nicht länger als ein Jahr arbeitslos waren. Weiterhin wurden die Personalchefs bei der Umfrage gefragt, ob sie schon Erfahrungen mit der Einstellung Langzeitarbeitsloser hätten und wie sie grundsätzlich die Fähigkeiten Langzeitarbeitsloser in den Bereichen Kommunikation, Selbstbewusstsein und Belastbarkeit einschätzten. Hier ist auffällig, dass diejenigen Personalchefs, die schon einmal Langzeitarbeitslose eingestellt hatten, deren Fähigkeiten deutlich besser einschätzten als jene Personalchefs, die angaben, noch keine Erfahrungen mit Langzeitarbeitslosen gemacht zu haben.

Es gibt die Vorstellung, dass Menschen, die lange nicht gearbeitet haben, wichtige soziale Kompetenzen verlernen. Die Ergebnisse der Umfrage zeigen aber, dass sich diese Vorstellung in der Praxis

---

15 Julia Moertel und Martina Rebien: *Wie Langzeitarbeitslose bei den Betrieben ankommen*. Kurzbericht des Instituts für Arbeitsmarkt- und Berufsforschung 09/2013.

nicht bestätigen muss. Die unbestätigten Vorurteile der Personalchefs sind jedoch nach wie vor ein großes Hindernis bei der Anstellung von Langzeitarbeitslosen.

Viele Arbeitslose sind durch sogenannte Hemmnisse scheinbar daran gehindert, einer regelmäßigen Arbeit nachzugehen: Krankheit, ein höheres Alter und die Betreuung von Familienmitgliedern gehören dazu. Diese Hemmnisse lassen sich aber durch eine flexible Arbeitsplatzgestaltung von Seiten der Arbeitgeber beseitigen.

Besonders Unternehmen, die ihre offenen Stellen nicht besetzen können, müssen umdenken. Heinrich Alt, der Vorsitzende der Bundesagentur für Arbeit, betont, dass Unternehmen »nicht mehr auf den Idealtypus eines Arbeitnehmers warten«[16] können.

Für den Arbeitgeber hat das Beschäftigen langzeitarbeitsloser Menschen große Vorteile, wie zum Beispiel mit der Initiative »50plus« gezeigt werden konnte: Dort werden Arbeitslose ab 50 Jahren an Unternehmen vermittelt. In den Unternehmen erweisen diese sich als leistungsfähig, zuverlässig und motiviert, und sie bringen darüber hinaus ein besonderes Erfahrungswissen, Fleiß und Qualitätsbewusstsein in das Unternehmen ein.

Ich habe sehr viele sehr gute Erfahrungen mit der Beschäftigung Langzeitarbeitsloser gemacht. Ich denke da zum Beispiel an eine meiner Mitarbeiterinnen, Frau Scholzen, die eine sehr bewegende Geschichte hat: Sie hatte Krebs und konnte deswegen 5 Jahre lang nicht arbeiten. Über das Arbeitsamt hat sie sich um eine neue Stelle bemüht, als sie noch nicht einmal vollständig genesen war. Sie kam zu FAB mit einer Perücke, weil die Haare, die während der Chemotherapie ausgefallen waren, noch nicht nachgewachsen waren. Angefangen hat sie als 1-Euro-Jobberin; sie hat so viel gearbeitet,

16 *Der Arbeitsmarkt in Deutschland. Arbeitsmarktberichterstattung. Sockel- und Langzeitarbeitslosigkeit.* Bundesagentur für Arbeit, Nürnberg 2011.

wie es gesundheitlich machbar war. Während dieser Zeit hat sie zwar krankheitsbedingt oft gefehlt, sich aber gleichzeitig so positiv eingebracht, dass sie sich das Vertrauen ihrer Kolleginnen erarbeiten konnte und nun eine feste Stelle hat und eine wichtige Funktion erfüllt. Noch immer macht die Gesundheit ihr manchmal zu schaffen; es gibt Tage, an denen sie nicht kommen kann oder früher gehen muss, aber die werden immer seltener. Gleichzeitig ist sie eine große Bereicherung für FAB und bringt sich, ihre Fähigkeiten und Ausbildung in vollem Ausmaß ein. Für Frau Scholzen war und ist es besonders beruhigend, dass sie bei FAB so gut »aufgefangen« wird und dass ihr viel Verständnis entgegengebracht wird.

Trotz formaler Gleichberechtigung, Bundesgleichstellungsgesetz und vereinbarten Quotenregeln sind die Chancen von Frauen, im Berufsleben aufzusteigen, noch immer viel schlechter als die von Männern. Das liegt nicht daran, dass Frauen schlechter ausgebildet sind, denn sie absolvieren ebenso oft ein Studium und sind genauso qualifiziert wie Männer. Eine Studie des Sinus-Instituts stellt fest: »Ferner ist es inzwischen weitgehend Konsens, dass ein höherer Frauenanteil in Führungspositionen nicht nur im Interesse der Frauen, sondern auch im Interesse der gesamten Belegschaft und des Arbeitgebers ist – egal ob im öffentlichen Dienst oder in der Wirtschaft. Eine Korrelation zwischen mehr Frauen in Führungspositionen und einem höheren Unternehmenserfolg ist nachgewiesen«.[17]

Kommunikationstalent, lösungsorientiertes Arbeiten und eine hohe Sozialkompetenz sind typisch weibliche Eigenschaften.

17 Dr. Carsten Wippermann (u. a.): *Frauen in Führungspositionen. Barrieren und Brücken.* Studie der Sinus Sociovision GmbH (Heidelberg) im Auftrag des Bundesministeriums für Familie, Senioren, Frauen und Jugend.

Dieses Potenzial nicht zu nutzen ist für jedes Unternehmen ein Verlust und bedeutet langfristig Nachteile im ökonomischen Wettbewerb. Dennoch wurde bisher weder in der Wirtschaft noch in der Politik die Quotenvorgabe von 30 bis 40 Prozent Frauenanteil in Führungspositionen erreicht. Eine Studie der Kienbaum Management GmbH aus dem Jahr 2012[18] hat ergeben, dass in der aktuellen Bundesregierung der Anteil der Frauen in Führungspositionen gerade mal 25 Prozent beträgt. Im internationalen Vergleich schneidet Deutschland damit relativ gut ab, allerdings ist die Kluft zwischen den Geschlechtern in der freien Wirtschaft Deutschlands noch weit höher als in vielen anderen Ländern – etwa Norwegen oder Schweden.

Im jährlich erstellten Gender Gap Report[19] werden weltweit 135 änder im Hinblick darauf verglichen, wie groß die Kluft zwischen den Geschlechtern ist, und zwar im Hinblick auf Bildungsgrad, Einkommensunterschiede, Gesundheit sowie Bekleidung hoher Ämter in Politik und Wirtschaft. Im letzten Jahr erreichte Deutschland hier Platz 13.

Wir müssen uns dringend an jenen Ländern orientieren, die uns überlegen sind, was die Geschlechtergerechtigkeit betrifft, und von ihnen lernen. Auf den ersten Plätzen stehen Länder wie Schweden und Norwegen, in denen die Kinderbetreuung schon ab dem ersten Lebensjahr viel einfacher ist als in Deutschland. In Skandinavien können Frauen nach einem sehr kurzen Erziehungsurlaub ihre Kinder in Betreuung geben, ohne den Stempel einer Rabenmutter zu bekommen. Die Betreuungsangebote sind so ausgebaut, dass die

---

18 *Frauen – Macht - Regierung. Eine Studie über den Anteil von Frauen in Führungspositionen in der Bundesregierung 2012*. Berlin: Kienbaum Management Consultants GmbH 2012. S. 5.

19 Hausmann, R. u. a. (Hrsg.): *Global Gender Gap Index*. 2012.

Kinder auch in den Ferien betreut werden. Auch für Väter gibt es in Skandinavien sehr attraktive gesetzliche Regelungen zur Aufteilung der Elternzeit, so dass die Kinderbetreuung nicht mehr nur ein Frauenproblem darstellt.

In vielen deutschen Familien ist es noch immer die Regel, dass die Frau die Hauptverantwortung für die Kindererziehung und -betreuung und auch für die Betreuung anderer hilfsbedürftiger Verwandter, zum Beispiel der Eltern, übernimmt. Und das, ob sie arbeiten geht oder nicht, ob sie eine Karriere anstrebt oder nicht. Aus diesem Grund sind flexible Arbeitszeitmodelle heutzutage unerlässlich, um Frauen die gleiche Chance auf Fortkommen zu geben wie Männern. Halbtagsstellen, Home Office, Vertrauensarbeitszeit, Gleitzeit – all diese Varianten können individuell angepasst und flexibel eingesetzt werden. Damit ist unseren Unternehmen die Chance gegeben, das Potenzial, das gut ausgebildete Frauen darstellen, zu nutzen. Dies wird letztlich auch zu einem neuen Selbstverständnis der Frauen führen. Auch bei diesem Thema möchte ich einen Stein ins Rollen bringen. Die Frauen selbst müssen die Veränderung wollen, Verantwortung übernehmen und Chancen ergreifen.

Neben der Flexibilität und der offenen Arbeitsplatzgestaltung ist die Kinderbetreuung ein weiteres wichtiges Thema. Deutsche Unternehmen müssen sich vermehrt an den familiären Bedürfnissen ihrer Arbeitnehmer orientieren: In einer Umfrage des Bundesfamilienministeriums sagten drei Viertel der befragten Eltern zwischen 25 und 39 Jahren aus, dass sie für mehr Familienfreundlichkeit den Job wechseln würden – und zwar Frauen wie Männer. Ich setze mich sehr für Betriebskindergärten nach amerikanischem Vorbild ein. Dort gibt es nahezu in jedem Unternehmen eine Kinderbetreuungsstätte, so dass gerade arbeitende Mütter die Möglichkeit haben, ganz in der Nähe ihrer Kinder zu sein und zum Beispiel auch gemeinsam mit ihren Kindern zu Mittag essen zu können. Hier in Deutschland sind wir noch weit davon entfernt, dass das zur Norm wird, aber es tut sich einiges: Jedes dritte Unternehmen mit mehr als 20 Beschäftigten bietet oder plant betriebliche Kinderbetreuungsmöglichkeiten; bei den Unternehmen mit mehr als 1000 Beschäftigten ist es sogar die Hälfte. Betriebskindergärten werden von der Bundesregierung gefördert. Der Wunsch der Unternehmen ist da, ihre qualifizierten Mitarbeiterinnen nach der Babypause schnell zurück in den Beruf zu bekommen. Auch mir ist es hier bei FAB viel lieber, wenn Mitarbeiterinnen mit einem guten Gefühl hier sind, weil ihre Kinder eine hervorragende Betreuung haben. Wenn das Kind in der Nähe ist, ist das eine andere Ausgangssituation: Es ist leichter, sich ohne Sorgen auf die Arbeit zu konzentrieren.

Um Mitarbeiterinnen und Mitarbeitern ein gutes und konzentriertes Arbeiten zu ermöglichen, ist es notwendig, sich Gedanken über ihre familiäre Situation zu machen. Eine meiner Mitarbeiterinnen, die sich bei FAB in die höchste Führungsebene hochgearbeitet hat, hat eine Tochter, die gerade in die 5. Klasse geht. Als Frau Sanchez bei FAB anfing, kam ihre Tochter kurz danach in die Grundschule, und sie erinnert sich noch gern an diese Zeit zurück: »Ich konnte immer meine Stunden relativ frei einteilen. Als meine Tochter in die Grundschule kam, hat die Schule manchmal später angefangen. Und wenn ein Kind sowieso schon in den Hort muss und immer erst um 5 – als eine der letzten – abgeholt wird, wollte ich sie morgens auch nicht unbedingt noch in die Frühbetreuung der Schule bringen. Ich konnte mir relativ flexibel die Zeit einteilen und wenn sie später Schule hatte, auch erst später anfangen. Oder bei so etwas wie Klassenfahrten: Meistens kommen die Eltern zum Bus, um ihre Kinder abzuholen – außer den Alleinerziehenden, die meistens diese Chance nicht haben. Mit meiner Arbeit bei FAB war es für mich immer möglich, dass ich meine Tochter abholen konnte.«

Eine große Rolle spielt es für Frau Sanchez auch, dass ihr immer ein enormes Vertrauen entgegengebracht wurde. In vielen Organisationen besteht Misstrauen gegenüber Müttern, gerade wenn sie allein erziehend sind. Frau Sanchez sagte mir, dass sie immer das Gefühl hatte, nicht durch Vorurteile gebremst, sondern im Gegenteil bestärkt und gefördert zu werden.

Es ist wichtig für die Frauen, die hier arbeiten, dass sie Vertrauen haben können: Sie dürfen auch mal später zur Arbeit kommen oder teilweise auch zu Hause arbeiten, ohne dass es ihrer Wertschätzung oder ihrer Karriere schadet. Und ohne dass irgendwann ein Mann kommt, der ihnen den Job wegnimmt. Frau Sanchez' Tochter ist inzwischen ins Gymnasium gekommen; Frau Sanchez selbst ist in einer Führungsposition in Vollzeit. Die veränderten Bedingungen in ihrem Familienleben haben dazu geführt, dass wir ihre Arbeitsbedingungen flexibel angepasst haben. Sie hat nun ein eingerichtetes Home Office und arbeitet ab und zu nachmittags zu Hause. So kann sie sich auf ihren Beruf konzentrieren und gleichzeitig für ihr Kind da sein.

Zusammenfassend lässt sich sagen, dass Chancengleichheit nicht nur im Interesse der jeweiligen benachteiligten Gruppen liegt. Gerechtigkeit und Menschlichkeit sind große Ziele und an sich schon Grund genug, auch Migranten, Behinderten, Langzeitarbeitslosen und Frauen eine Chance zu geben. Aber die Unternehmen, die sich der Chancengleichheit verschrieben haben, profitieren selbst am meisten davon. Jeder Mensch bereichert sein Arbeitsumfeld mit seinen ganz speziellen Fähigkeiten. Vermeintliche Hemmnisse führen dazu, dass Menschen besondere Fähigkeiten entwickeln: Behinderte haben, wie schon erwähnt, oft eine unglaubliche Problemlösefähigkeit; Langzeitarbeitslose und Migranten sind extrem motiviert und identifizieren sich mit ihrem neuen Arbeitgeber; Frauen bringen vielfältige Talente in ihre Arbeit ein, auf die wir nicht verzichten können. Wird Chancengerechtigkeit tatsächlich gelebt, ermöglicht solch »menschliches« Handeln in einer Firma auch eine verbesserte Wirtschaftlichkeit.

3.3 Toleranz

Die zweite der vier Säulen, auf denen eine gemeinnützige Firma aufbaut, ist die Toleranz. Ich wünsche mir, dass unsere Gesellschaft sich zu einer offenen und toleranten Gesellschaft entwickelt, in der unter Berücksichtigung unserer gemeinsamen Werte jede und jeder ihren/seinen Glauben und ihre/seine Überzeugungen frei ausleben kann. Genauso wichtig ist es mir, zu betonen, dass unsere Gesetze und unsere Werte bei aller Toleranz verbindlich bleiben: Wir können und dürfen nicht tolerant sein gegenüber Ansichten, die den Rechtsstaat gefährden, die bestimmte Menschen oder Menschengruppen deklassieren und benachteiligen; nicht zuletzt müssen wir gegenüber Intoleranz intolerant bleiben.

Toleranz bedeutet, Menschen nicht aufgrund ihres Äußeren, ihres Glaubens oder ihrer sexuellen Orientierung zu verurteilen, sondern aktiv auf eine Gesellschaft hinzuarbeiten, in der verschiedene Lebensentwürfe gleichberechtigt nebeneinander stehen. Das bedeutet aber nicht, dass unrechtmäßige Verhaltensweisen hinzunehmen sind.

Toleranz bedeutet laut der UNESCO-Erklärung zu den Prinzipien der Toleranz »Respekt, Akzeptanz und Anerkennung der Kulturen unserer Welt, unserer Ausdrucksformen und Gestaltungsweisen unseres Menschseins in all ihrem Reichtum und ihrer Vielfalt.«[20] Die Vielfalt der Kulturen wird so als Stärke begriffen, und die Vorteile der Pluralität des Menschseins werden anerkannt.

---

20 *UNESCO-Erklärung zu den Prinzipien der Toleranz* (1995), § 1.1.

Wie eine Studie der Bertelsmann-Stiftung[21] ergab, ist die Toleranz in Deutschland im Vergleich zu anderen Ländern nicht besonders hoch. Befand sich unser Land in den Jahren 1998–2003 noch in der Spitzengruppe der Länder, in denen Vielfalt am meisten akzeptiert wird, liegt es nun im Mittelfeld. Gleichzeitig ist Deutschland aber, wie schon mehrfach erwähnt, angesichts des demographischen Wandels und des Fachkräftemangels darauf angewiesen, Migranten willkommen zu heißen und deren Kulturen und Lebensentwürfe zu respektieren.

Dennoch ist es wichtig, die eigenen Werte auch weiterhin zum verbindlichen Maßstab zu machen. Kulturelle Vielfalt ist gut, aber Werte und Gesetze müssen in einer Gesellschaft einheitlich sein und für alle uneingeschränkt gelten. Sind Werte und Gesetze nicht klar definiert und werden sie nicht durchgesetzt, entsteht leicht eine Gesellschaft, in der vor lauter falsch verstandener Toleranz niemand mehr weiß, was richtig und was falsch ist.

Toleranz funktioniert nur auf der Grundlage eines klar definierten Wertesystems: Eine geschlossene Gesellschaft mit verbindlichem Wertesystem kann beispielsweise gegenüber einer Minderheit mit abweichenden Ansichten und Überzeugungen tolerant sein. Diese Art von Toleranz macht eine Auseinandersetzung mit den konkurrierenden Wertesystemen erst möglich. Toleranz darf aber nicht dazu führen, dass sich widersprechende Wertesysteme in der Gesellschaft gleichberechtigt nebeneinander gestellt werden. In der UNESCO-Erklärung zu den Prinzipien der Toleranz wird ganz deutlich, was Toleranz nicht sein darf: »Toleranz ist nicht gleichbedeutend mit Nachgeben, Herablassung oder Nachsicht. Toleranz ist vor allem eine aktive Einstellung, die sich stützt auf die Anerkennung

21 *Radar gesellschaftlicher Zusammenhalt. Messen was verbindet. Gesellschaftlicher Zusammenhalt im internationalen Vergleich.* Studie der Bertelsmann-Stiftung, 2013.

der allgemeingültigen Menschenrechte und Grundfreiheiten anderer. Keinesfalls darf sie dazu missbraucht werden, irgendwelche Einschränkungen dieser Grundwerte zu rechtfertigen.«[22]

In Deutschland sind diese Grundwerte im Grundgesetz festgelegt. Jeder, der zu unserer Gesellschaft gehören möchte, der von unserem Sozialstaat, unserem politischen System und unserem Bildungssystem profitieren möchte, muss sich an diese Regeln und Gesetze halten. In der Gesellschaft, die ich mir vorstelle und um die es auch in der UNESCO-Erklärung geht, begegnen sich die Menschen auf Augenhöhe. Sie dulden sich nicht nur, sondern sie respektieren einander und ihre jeweiligen Freiheiten. Doch genau wie mit der individuellen Freiheit, die da aufhört, wo die Freiheit eines anderen verletzt wird, hat auch die Toleranz Grenzen, die in der UNESCO-Erklärung ganz klar festgelegt werden: Wenn die Grundrechte von Menschen durch falsch verstandene Toleranz eingeschränkt werden, muss Einhalt geboten werden. Der Terror der »political correctness« setzt da ein, wo Toleranz als Rechtfertigung für die Einschränkung der Grundrechte anderer Menschen missbraucht wird. Wenn eine junge Frau von ihrer eigenen Familie ermordet wird, dann ist eine Rechtfertigung im Sinne von »Andere Länder, andere Sitten« nicht mehr angebracht: dann ist Toleranz gegenüber den Tätern vollkommen fehl am Platz. Eine solche Entschuldigung der Täter durch die Umstände – im Sinne einer falsch interpretierten Völkerverständigung – ist absolut falsch und auch aus weiteren Gründen inakzeptabel: Zum einen erniedrigen wir jemanden, wenn wir ihm auf diese Art begegnen, ihn auf diese Art »tolerieren«. Wir sprechen ihm das Recht und die Fähigkeit ab, eigene Entscheidungen zu treffen und für sein eigenes Leben verantwortlich zu

22 *UNESCO-Erklärung zu den Prinzipien der Toleranz* (1995). § 1.2.

sein. Ein gut integrierter, assimilierter Migrant mit Deutschkenntnissen und einer Arbeitsstelle ist in unseren Augen jemand, der es aus eigener Kraft geschafft hat – gegen alle Widrigkeiten und trotz schlechterer Ausgangsvoraussetzungen. Ein Straftäter oder Schläger, der sich immer wieder strafbar macht, ist dann aber auch nicht durch seine Kultur »fremdbestimmt« worden. Wer die Einstellung vertritt, die *Gesellschaft* habe den Straftäter zu dem gemacht, was er ist, vertritt einen herablassenden und falschen Toleranzbegriff.

Ich halte es für absolut richtig, dass jeder Mensch die gleichen Chancen im Leben erhalten soll. Zwar haben jene Stimmen nicht Unrecht, die behaupten, dass es hinter jedem Verbrechen einen Grund gibt oder dass es Migrantenkinder oft schwerer haben als deutsche Akademikerkinder. Sprachprobleme, die unterschiedlichen familiären Voraussetzungen und Vorurteile von Seiten der Lehrer und der Gesellschaft machen es den Kindern von Migranten tatsächlich schwer, sich in das deutsche Bildungs- und somit in das Arbeitssystem zu integrieren. Daran muss gearbeitet werden, wie in den oberen Kapiteln beschrieben. Aber auch die Chance, für das eigene Handeln die Konsequenzen zu tragen, macht einen Menschen zu einem vollwertigen Mitglied einer Gesellschaft. Eine entmündigende Toleranz im Sinne der Strafminderung führt nicht zu einer funktionsfähigen Gesellschaft, in der jeder Mensch seinen eigenen Platz und Wert hat – im Gegenteil: Gemeinnützige und menschenorientierte Unternehmen stellen sich hier der sozialen Herausforderung, indem sie Hilfe anbieten (wie im letzten Kapitel beschrieben), indem sie tolerant sind und indem sie ihre Mitarbeiterinnen zu Toleranz anhalten. Für Unternehmen gilt das Gleiche wie in der Gesellschaft: Vielfalt bringt Vorteile.

Aber in jedem Unternehmen *muss* der Verhaltenskodex eingehalten werden, der für alle verbindlich ist. Toleranz darf auch in der

Geschäftswelt nicht dazu führen, dass unsere Grundrechte von irgendjemandem missachtet werden.

Wir bei FAB bieten den Menschen die Möglichkeit, sich auf ihnen angemessene Weise in die deutsche Gesellschaft zu integrieren: indem wir sie für den Arbeitsmarkt vorbereiten und indem wir ihnen sprachliche und kulturelle Fähigkeiten vermitteln. Das tun wir auf tolerante Art und Weise, indem wir die Menschen da abholen, wo sie gerade sind. Wir bieten einen Sprachkurs für Frauen an, in dem die deutsche Sprache mit Hilfe von Tätigkeiten wie Backen und Stricken vermittelt wird. In diesen Sprachkursen sind keine Männer zugelassen, da es Frauen aus anderen Kulturkreisen oft schwer fällt, sich zu öffnen und zu sprechen, wenn Männer im Raum sind. Dadurch vermitteln wir diesen Frauen Fähigkeiten, die sie dringend benötigen, um in Deutschland ihren Platz zu finden.

Wenn ich an Menschen mit Migrationshintergrund denke, dann denke ich aber nicht zuerst an Probleme oder an Sprachbarrieren. Ich denke an Menschen wie meine Mitarbeiterin Frau Kusnezowa. Sie ist als Tochter deutscher Einwanderer in der ehemaligen Sowjetunion aufgewachsen. Als Tochter einer Hausfrau und eines Schmieds hat sie sich zur Schuldirektorin hochgearbeitet und war in ihrer Stadt eine angesehene, einflussreiche Frau, die ihren Beruf liebte. Nach dem Zerfall der Sowjetunion wurde die Situation in Usbekistan schwierig. Der neu entstehende usbekische Nationalismus führte zu ablehnendem, teilweise sogar aggressivem Verhalten gegen die Nachkommen der deutschen Einwanderer. Im Jahr 2000 wanderte Frau Kusnezowa nach Deutschland aus, um der Zukunft ihrer Kinder willen. Einmal erzählte sie mir: »Meine Mutter hat ganz wenig gelesen, sie besaß nur zwei oder drei Bücher. Eines davon war das Märchenbuch der Gebrüder Grimm. Sie hat uns oft die Märchen erzählt. Und ich wollte das ‚Blumenland' anschauen. Vielleicht darf ich eines Tages auch dort leben, habe ich gedacht. Vielleicht dürfen meine Kinder hier ein Leben haben. Das war der Traum meiner Mutter.« Deutsch, die Sprache ihrer Vorfahren, hatte sie während der Zeit der Sowjetunion nicht sprechen dürfen und fast vollständig vergessen. Sie hat in Deutschland in Küchen gearbeitet und geputzt, aber nie ihr großes Ziel aus den Augen verloren: Sie wollte unbedingt unterrichten. »Ich bin Lehrerin, ich kann doch Deutsch für Ausländer unterrichten. Ich verstehe die Menschen, ich weiß, dass sie die Hoffnung nicht verlieren dürfen. Sie sind hergekommen, und die Hoffnung muss bei ihnen überleben – und lebendig bleiben.« Obwohl es viele Jahre gedauert hat, bis Frau Kusnezowa Deutsch unterrichten konnte, hat auch sie die Hoffnung nicht aufgegeben. Sie hat für ihren Traum gekämpft, hat unzählige Gespräche beim Arbeitsamt geführt und schließlich bei FAB die Chance bekommen, Deutschkurse für Ausländer abzuhalten. In der ersten Zeit musste sie noch sehr viel vorbereiten und manchmal nächtelang ihren Wortschatz vergrößern. Auch das hat sie getan, um eine gute Lehrerin zu sein, um Menschen zu helfen, sich in Deutschland einzuleben. Denn ohne Sprache, das weiß sie, geht es nicht.

Ich hoffe, in diesem Kapitel zwei Dinge gezeigt zu haben: Ohne Toleranz kann ein Unternehmen nicht gemeinnützig und menschenorientiert arbeiten. Der respektvolle und anerkennende Umgang miteinander muss selbstverständlich werden. Allerdings darf Toleranz nicht dazu führen, dass die eigenen Werte unverbindlich werden. Eine konstante und beständige Wertegrundlage ist gleichzeitig die Voraussetzung für die dritte Säule einer gemeinnützigen Firma: das Vertrauen.

3.4 Vertrauen

Eine gemeinnützige Firma möchte einen Nutzen für die Gemeinschaft erarbeiten. Damit beginnt sie am besten bei den eigenen Mitarbeiterinnen. Die grundlegenden Werte eines Unternehmens müssen aus dem Inneren heraus gelebt und nicht nur nach außen hin verkündet werden, damit sie wirklich zu Gemeinnützigkeit führen. Das bedeutet, dass eine Atmosphäre geschaffen wird, in der die Mitarbeiterinnen zufrieden sein und kreativ arbeiten können. Eine Grundvoraussetzung dafür ist gegenseitiges Vertrauen. In diesem Kapitel werde ich zeigen, warum Vertrauen für jedes Unternehmen wichtig ist und wie Vertrauen im Unternehmen entsteht.

Vertrauen bezeichnet die Überzeugung, dass man sich auf jemanden verlassen kann. Vertrauen schließt immer die Möglichkeit ein, enttäuscht zu werden: Wer vertraut, macht sich verletzlich.

Vertrauen im Unternehmen führt dazu, dass auch Kunden Vertrauen zum Unternehmen aufbauen und sich langfristig an das Unternehmen binden. Gerade im Dienstleistungssektor ist es unerlässlich, dass Kunden ihren Kontaktpartnern im Unternehmen vertrauen: Dieses Vertrauen übertragen die Kunden dann auch auf das Unternehmen selbst.

Auch die Arbeit innerhalb des Unternehmens muss von Vertrauen geprägt sein. Ohne Vertrauen zwischen Mitarbeiterinnen und Vorgesetzten kann keine konstruktive, kreative Arbeit stattfinden. Ganz besonders in schwierigen Zeiten, bei anspruchsvollen Aufgaben oder Restrukturierungen im Unternehmen müssen die Mitarbeiterinnen Vertrauen in die Entscheidungen der Vorgesetzten haben, um die Veränderungen mittragen und aktiv mitgestalten zu können.

Damit in meinem Unternehmen Vertrauen entsteht, ist es unerlässlich, dass ich als Vorgesetzte meinen Mitarbeiterinnen einen Vertrauensvorschuss gebe. Ich muss mich grundsätzlich auf sie verlassen können und das auch deutlich machen. Das führt zum einen dazu, dass sie alles dafür tun werden, dass mein Vertrauen gerechtfertigt ist. Zum anderen ist es die Voraussetzung dafür, dass meine Mitarbeiterinnen ihrerseits mir vertrauen können. Dazu gehört, dass meine Mitarbeiterinnen darauf vertrauen können, dass ich alles tue, damit sie an ihrem Arbeitsplatz zufrieden sind und effektiv und effizient arbeiten können. Auch dadurch entsteht Vertrauen. Ein vertrauensvolles Miteinander in der Firma führt gleichzeitig zu mehr Zufriedenheit unter den Mitarbeiterinnen.

Nur mit zufriedenen Mitarbeiterinnen, die hinter der Sache einer Firma stehen und auch mit dem Herzen involviert sind, lässt sich Gemeinnützigkeit erfolgreich durchführen. Das hat verschiedene Gründe: Studien haben ergeben, dass Mitarbeiterinnen, die an ihrem Arbeitsplatz glücklich und zufrieden sind, grundsätzlich auch bessere Leistungen erzielen. Nicht nur, dass die Konzentration in einem vertrauensvollen, entspannten und heiteren Umfeld leichter fällt; zufriedene Mitarbeiterinnen zeigen auch mehr Eigeninitiative, sind motivierter, denken mit und vermeiden dadurch Probleme im Voraus. Je mehr sich die Mitarbeiterinnen mit ihrer Firma identifizieren, desto mehr arbeiten sie gezielt am Erfolg der Firma mit. Ein weiterer Punkt ist, dass zufriedene Menschen im Allgemeinen seltener krank werden oder kündigen. Besonders Krankheiten wie Depressionen und Burnout, die auch durch Stress am Arbeitsplatz verursacht werden können, kommen naturgemäß bei zufriedenen, ausgeglichenen Menschen seltener vor. Wer als Führungsperson auf die psychische und körperliche Gesundheit und das Wohlbefinden seiner Mitarbeiterinnen achtet, verdient sich nicht nur ihr Vertrauen, sondern vermeidet dadurch unter anderem Kosten für krankheitsbedingte Ausfälle sowie Kündigungen.

Das sind die wirtschaftlichen Gründe dafür, warum jedem Arbeitgeber (ob gemeinnützig oder nicht) am Wohl seiner Mitarbeiterinnen gelegen sein sollte und warum es notwendig ist, im Unternehmen Vertrauen zu schaffen. Außerdem erübrigen sich dadurch Kontrollvorrichtungen: Einen Arbeitgeber, den man wertschätzt, möchte man nicht übervorteilen. Wird den Mitarbeiterinnen Vertrauen entgegengebracht, werden sie alles daran setzen, dieses Vertrauen nicht aufs Spiel zu setzen. Menschen neigen dazu, zurückzugeben, was sie erhalten (gemäß dem Prinzip der Reziprozität): Wird also Mitarbeiterinnen Wertschätzung und Vertrauen entgegengebracht, werden sie genau das zurückgeben und sich außerdem als des Vertrauens würdig erweisen.

Ich mache immer wieder die Erfahrung, dass Vertrauen der wichtigste Schritt auf dem Weg zu einem positiven und produktiven Zusammenarbeiten ist. Mit Vertrauen meine ich »handfestes«, vertrauensvolles Handeln – auch im Sinn von »jemandem etwas zutrauen« oder »jemandem eine Aufgabe anvertrauen«. Meine Mitarbeiterinnen wissen es zu schätzen, dass ich ihnen vertrauensvoll Aufgaben mit viel Verantwortung gebe, und sie werden dieser Verantwortung gerecht.

Meine feste Überzeugung ist, dass eine Führungskraft ihren Mitarbeiterinnen einen Vertrauensvorschuss geben muss. Dann wird sie einerseits Vertrauen zurückerhalten, andererseits wird sich das Vertrauen auch bestätigen: Bei FAB gibt es keine Stechuhr, und auch meine BereichsleiterInnen kontrollieren ihre Mitarbeiterinnen nicht übermäßig. Das hat nichts mit naivem, blindem Vertrauen zu tun, sondern einfach mit dem Prinzip, dass Vertrauen erst einmal von einer Seite ausgehen muss. Diejenigen, die auf der Basis von Stundenzetteln abrechnen, führen diese selbstverständlich gewissenhaft und ehrlich. Eine der BereichsleiterInnen sagte mir: »Da wird nie jemand etwas reinschreiben, was er nicht gemacht hat. Ich muss das gar nicht kontrollieren – weil die Leute einfach anders dahinter stehen.« Aber nicht nur durch Nicht-Kontrollieren, sondern gerade auch durch das Übertragen von Verantwortung beweist man Vertrauen.

Ich erinnere mich zum Beispiel an zwei Auszubildende, die oft krank waren. Ich habe sie danach trotzdem eingestellt, obwohl sie noch im Jahr davor unglaublich hohe Fehlzeiten hatten. Bei der

Einstellung sagte ich ihnen: »Ich will das nicht mehr sehen, wenn ich euch einstelle. Ich brauche euch dann hier. Ich brauche eure Leistung – ohne euch geht es dann nicht. Ich verlasse mich völlig auf euch!« So etwas hatten sie vorher noch nie gehört. Eigentlich hatten sie sich von der Gesellschaft durch die Gewissheit »Die brauchen uns nicht« schon abgewendet, genauso wie alle langzeitarbeitslosen Menschen. Man gibt diesen Menschen ja ständig das Gefühl: »Eigentlich brauchen wir euch nicht in der Gesellschaft. Ihr seid überflüssig.« Das finde ich schlimm. Weil ich glaube, dass jeder Mensch einen Wert hat. Und jeder Mensch hat ein Recht auf Beschäftigung, so dass er sich gebraucht fühlen kann und merkt, dass er für die Gesellschaft wertvoll ist.

Vertrauen muss aber auch andersherum funktionieren: Mitarbeiterinnen brauchen Vorgesetzte, denen sie vertrauen können. Eine gute, wohlwollende Führungskraft wirkt unterstützend, und sie hält sich an das, was sie sagt. Nur dann ist Vertrauen möglich.

Auch das Verhältnis der Mitarbeiterinnen untereinander kann den Ausschlag dafür geben, ob sich jemand an seinem Arbeitsplatz wohlfühlt oder nicht. Ein ganz besonders gutes und von Vertrauen geprägtes Miteinander führt dazu, dass Kolleginnen und Kollegen sich gegenseitig in schwierigen Zeiten unterstützen können und private und berufliche Krisen besser bewältigen. Dazu fällt mir meine Mitarbeiterin Frau Schwarz ein, die während ihrer Scheidung viele Gespräche mit ihren Kolleginnen führen konnte. Sie erinnert sich noch gut an die Schokolade, die eine Kollegin ihr als »Nervennahrung« mitgebracht hatte. Das hat ihr gezeigt: »Meine Kolleginnen wissen einfach, wie ich ticke, und die wissen, was ich im Moment brauche. Und das ist viel wert. Außerdem ist es so, dass ich weiß und mir gesagt wird: Sandra, du bist was. Du wirst wertgeschätzt.« Dieser Zusammenhalt in einer Organisation kann nur entstehen, wenn die Geschäftsführung daran aktiv mitwirkt.

Auf das Thema Führung werde ich später noch einmal zurückkommen. Schon aus dem, was ich bisher erläutert habe, ist hoffentlich offensichtlich geworden, dass sich in diesem Bereich die Voraussetzungen für eine erfolgreiche Gemeinnützigkeit und die Grundlage wirtschaftlichen Arbeitens überschneiden. Ich kann gar nicht genug betonen, dass *auch* unter wirtschaftlichen Gesichtspunkten Vertrauen und Arbeitszufriedenheit in einem Unternehmen eine große Rolle spielen, weil sie eng mit der Arbeitsleistung verknüpft sind. Jede Führungskraft, jeder Manager, jede Vorgesetzte und auch jeder Angestellte sollte sich dieses Zusammenhangs bewusst sein und ihn sich zunutze machen. Hier korrelieren grundsätzliche menschliche und moralische Werte mit den wirtschaftlichen Zielen. Wer das außer Acht lässt, verschenkt sein wertvollstes wirtschaftliches Potenzial: die Menschen, mit denen er arbeitet.

3.5 Miteinander

Im letzten Kapitel zu den Prinzipien einer gemeinnützigen Firma möchte ich das beschreiben, was ich Miteinander im Unternehmen nenne. Andere Begriffe dafür sind Unternehmenskultur oder Commitment der Angestellten – diese Themen kommen immer mehr ins Bewusstsein der Manager, und es wird immer klarer, dass hoch engagierte, flexible und leistungsbereite Mitarbeiterinnen der Schlüssel zu wirtschaftlichem Erfolg sind. Engagement und Leistungsbereitschaft ergeben sich aus der Identifikation mit einem Unternehmen, in dem man sich wohl fühlt und das Gefühl hat, gebraucht zu werden.

Gehaltserhöhungen reichen nicht aus, um Mitarbeiterinnen nachhaltig zu motivieren und zu guten Leistungen zu animieren. Es ist viel wichtiger, dass die Mitarbeiterinnen gerne in ihrem Unternehmen arbeiten, dass Zusammenhalt da ist und dass jede/r weiß, dass und wofür sie oder er gebraucht wird. In einem Unternehmen, in dem ein starkes Gemeinschaftsgefühl vorhanden ist, arbeiten

Mitarbeiterinnen engagierter und erzielen dementsprechend auch bessere Resultate.

Das gelebte Miteinander und einen guten Zusammenhalt zwischen den Mitarbeiterinnen kann eine Führungskraft allein nicht bewirken: Alle müssen dazu beitragen. Als Führungskraft kann man jedoch für eine Atmosphäre im Unternehmen sorgen, die es den Mitarbeiterinnen leicht macht, ein Zusammengehörigkeitsgefühl zu entwickeln und miteinander auf ein Ziel hinzuarbeiten.

Im Folgenden will ich nun einige Dinge beschreiben, die notwendig sind, damit Menschen sich an ihrem Arbeitsplatz wohlfühlen: Wichtige Faktoren, die zur Arbeitszufriedenheit beitragen, sind laut Peter Warr und Guy Clapperton[23] die Möglichkeit zur persönlichen Einflussnahme und zum Einsatz eigener Fähigkeiten, außerdem Anforderungen und Ziele, Abwechslung, klare Aufgaben und Perspektiven, soziale Kontakte, Geld, ein angemessenes physisches Umfeld, Anerkennung und Wertschätzung, unterstützende Vorgesetzte, gute Karrierechancen und Fairness.

Laut Peter Warr und Guy Clapperton gibt es außerdem zwei verschiedene Arten von Faktoren, die sich auf die Arbeitszufriedenheit auswirken: Die eine Sorte Faktoren ist bis zu einem gewissen Maß gut und fördernd für die Zufriedenheit, aber ein Zuviel davon macht diese Faktoren zur Belastung. Dies ist zum Beispiel beim Faktor »Abwechslung« der Fall: Ein Job am Fließband, bei dem acht Stunden lang ein und dieselbe Handbewegung auszuführen ist, ist durch das Fehlen jeglicher Abwechslung ausgesprochen frustrierend. Genauso ist es aber auch bei zu viel Abwechslung: Dann nämlich, wenn man sich auf nichts verlassen, nichts planen, keine Struktur in den Tagesablauf bringen kann, kann der Job zur

23 Warr, P.; Clapperton, G.: *Richtig motiviert mehr leisten. Konzepte und Instrumente zur Steigerung der Arbeitszufriedenheit.* Stuttgart: Schäffer-Poeschel 2011.

übermäßigen Belastung werden, und die Abwechslung trägt nicht mehr zur Zufriedenheit des Arbeitenden bei, sie ist im Gegenteil ein Stressfaktor. Ähnliches gilt für die Möglichkeiten zur persönlichen Einflussnahme und den Einsatz eigener Fähigkeiten: Sind diese Faktoren an einem Arbeitsplatz zu gering ausgeprägt, wird die Arbeit schnell unbefriedigend. Aber wenn viel Einflussnahme oder Einsatz notwendig ist, kann das auch zu einem Übermaß an Stress führen. Ähnliches gilt für die Faktoren Anforderungen und Ziele, klare Aufgaben und Perspektiven sowie soziale Kontakte. Ein Übermaß eines dieser Faktoren würde möglicherweise einen anderen Faktor, der genauso notwendig ist, einschränken. Klare Aufgaben und Ziele sind bis zu einem gewissen Grad notwendig, um an seinem Arbeitsplatz zufrieden zu sein. Aber wenn die Aufgaben zu genau und die Ziele zu sehr festgesteckt sind, schränkt das den eigenen Handlungsspielraum, also die Möglichkeit zur persönlichen Einflussnahme, zu stark ein. Der Mensch fühlt sich bevormundet und übergangen, versteht möglicherweise nicht mehr, was er tun soll und wird unglücklich. Auf diese Art wird auch das Potenzial, das in jedem Menschen steckt, nicht mehr zur Gänze ausgenutzt: Ein Angestellter mit sekundengetreuen Vorgaben und Aufgaben wird sich kaum selbst eine Lösung für ein Problem oder eine Verbesserung der internen Arbeitsabläufe überlegen. Das richtige Zusammenspiel aller Faktoren, das »Austarieren« des richtigen Mittelweges ist das Geheimnis eines »Arbeitsplatzes zum Wohlfühlen«.

Die zweite Gruppe der Wohlfühlfaktoren zeichnet sich nach Warr und Clapperton dadurch aus, dass ab einem bestimmten Punkt eine Steigerung dieser Faktoren keine Verbesserung des allgemeinen Befindens mehr hervorruft. Ein angemessenes physisches Umfeld, Anerkennung und Wertschätzung, unterstützende Vorgesetzte, gute Karrierechancen und Fairness – all das ist notwendig, damit eine angenehme und produktive Arbeitsatmosphäre gegeben ist. Ein bequemerer Bürostuhl kann zum Beispiel für eine enorme Steigerung des Wohlbefindens sorgen. Doch ab einem bestimmten Punkt ist ein »Mehr« nicht mehr förderlich. Anders als bei den oben genannten Faktoren kann es nicht zu viel Wertschätzung oder Anerkennung geben; aber es gibt irgendwann eine Art »toten Punkt«, ab welchem zum Beispiel mehr Fairness nicht gleichzeitig mehr Glück bedeutet.

Zu welcher Gruppe das Gehalt gehört, ist umstritten: Es gibt Studien, die belegen, dass mehr Geld ab dem Moment, ab dem die Grundbedürfnisse gedeckt sind, nicht glücklicher macht. Es gibt aber auch Studien, die genau das Gegenteil beweisen: Mehr Geld macht doch glücklicher. Die Idee, dass mehr Geld nicht unbedingt glücklicher macht, nennt man das Easterlin-Paradox. Der Ökonom Richard Easterlin[24] veröffentlichte 1974 erstmals seine These, dass ökonomisches Wachstum nicht unbedingt das Wohlbefinden des Menschen steigere. Er untersuchte dies anhand von groß angelegten internationalen Studien und verglich die Einwohner von Ländern mit niedrigem Bruttoinlandsprodukt mit den Einwohnern sogenannter »reicher« Länder im Hinblick auf ihr subjektives Glücksempfinden. Gleichzeitig verglich er auch die Bewohner einzelner Länder untereinander und untersuchte, ob die Menschen mit höherem Einkommen sich auch glücklicher fühlten oder nicht. Die Studie wiederholte er über mehrere Jahre; dabei kam er zu dem Ergebnis, dass – wenn bestimmte Grundbedürfnisse gestillt sind – das subjektive Glücksempfinden nicht proportional zum Einkommen anwachse, sondern konstant bleibe.

24 Richard Easterlin: *Does Economic Growth Improve the Human Lot?* In: Paul A. David & Melvin W. Reder (Hrsg.): *Nations and Households in Economic Growth: Essays in Honor of Moses Abramovitz.* Academic Press, New York 1974, S. 89–125.

Diese These Easterlins ist umstritten und wurde durch andere Studien widerlegt oder teilweise widerlegt – das subjektive Glücksempfinden der Menschen lässt sich eben nur schwer empirisch erfassen. Dennoch kamen die meisten Studien zu dem Ergebnis, dass es bei einem hohen Einkommen schwieriger wird, Menschen durch mehr Geld glücklicher zu machen. Hat ein Mensch ein Einkommen von 1000 Euro im Monat, ist die Wahrscheinlichkeit groß, dass 1000 Euro mehr ihn zufriedener machen würden – bei einem Einkommen von 100 000 Euro fallen 1000 Euro mehr (oder weniger) kaum ins Gewicht. Jede Führungskraft muss also für die eigenen Mitarbeiterinnen das richtige Maß an Struktur und Freiheit finden, an Anerkennung, Karrierechancen, Unterstützung.

Zur Stärkung der Gemeinschaft in einem Unternehmen gibt es noch viele andere mögliche Maßnahmen. Auch hier muss individuell entschieden werden, was für die eigenen Mitarbeiterinnen und das eigene Unternehmen sinnvoll ist. In meiner Arbeit mache ich immer wieder die Erfahrung, dass meine Mitarbeiterinnen vollkommen loyal hinter mir und FAB stehen. Egal, wie schwer es gerade ist, egal, was passiert und was getan werden muss – es wird getan. Natürlich gibt es manchmal kontroverse Diskussionen, aber der Zusammenhalt und das Miteinander sind da. Und das zeigt sich gerade in schwierigen Situationen. Davon hatten wir genug in den letzten Jahren: Streichung wichtiger Projekte durch unsere Auftraggeber, unvorhersehbare Kürzungen von Fördermitteln und einige andere Dinge mehr machten es immer wieder notwendig, kreative Lösungen zu finden, unkonventionelle Wege zu gehen und vor allen Dingen immer wieder den Mut und die Überzeugung zu finden, dass wir es schaffen werden. Das geht nur, wenn alle an einem Strang ziehen. FAB vergleiche ich deshalb oft mit einem Schiff: Wir sitzen alle in einem Boot und müssen durch manchen Sturm hindurch. Jeder hat seine Aufgabe, und miteinander schaffen wir alle Herausforderungen und gelangen zu ganz neuen Horizonten.

Die Gründe für ein solches Funktionieren liegen in den Prinzipien, die oben beschrieben wurden – Prinzipien der viel beschworenen Unternehmenskultur – aber auch in einer klaren Aufgabenverteilung und dem Vorhandensein eines Ziels, das alle gemeinsam ansteuern. Dieses Ziel zu finden und genau zu definieren erfordert viele Diskussionen und durchaus auch Meinungsverschiedenheiten. Nur dadurch entsteht das Gefühl von Gemeinschaft und Zusammenhalt, das eine wirklich gute Organisation ausmacht.

Viele meiner Mitarbeiterinnen schätzen ganz besonders den ausgeprägten Zusammenhalt bei FAB. Ich denke zum Beispiel an eine meiner Mitarbeiterinnen, die große Probleme mit ihrem Rücken hat und deswegen öfter krank ist. Sie ist beeindruckt davon, dass sich keine ihrer Kolleginnen beschwert, wenn sie lange weg ist, sondern sie im Gegenteil unterstützt und aufgefangen wird. Und sie ist dankbar dafür. Diese Art von Zusammenhalt und Miteinander kann durch die Geschäftsführung gefördert und ein Stück weit gelebt werden, aber sie kann nicht vorgegeben werden. Jeder Mitarbeiter und jede Mitarbeiterin trägt dazu bei, dass in einer Firma Zusammenhalt herrscht. Und gerade dieses Miteinander ist etwas, das sich entwickelt, das sich nicht von heute auf morgen einstellt. Aber die Erfahrung, die jeder bei FAB macht, ist folgende: Wenn es hart auf hart geht, dann ist jeder für jeden da. Und das wird immer wieder offensichtlich. Frau Krause beispielsweise zeigt eine ganz außergewöhnliche Leidenschaft für ihren Arbeitgeber, wenn sie erzählt: »Ich hatte ein ganz tolles Auto. Einen »Ferrari«, einen roten. Meine Elsbeth. Steinalt, also einen alten Ford Fiesta. Und als wir von Echzell hierhergezogen sind, da habe ich ein Schild gekriegt – ein FAB-Magnetschild. Und das habe ich mir ganz stolz vorne auf meine Haube gemacht, obwohl jeder gesagt hat: ›Du tickst doch nicht richtig. Da Reklame zu fahren.‹ Ich fand das einfach nur cool. Das hat auch toll zur Elsbeth gepasst. Es machte mich richtig traurig, als ich das Schild, das durch Sonne und Regen kaputt gegangen war, irgendwann abmachen musste. Ich bin es ja über ein Jahr lang spazieren gefahren. Und da hatte ich so das Gefühl so, als würde ein Stück von mir amputiert. Weil das einfach eine Sache war, die zu mir gehört. Und das, obwohl mich jeder ausgelacht hat – nicht nur Leute aus der Firma, sondern auch privat, wenn sie gesagt haben: ›Du spinnst doch!‹«

In einem Bereich meines Unternehmens sind der Zusammenhalt und die Identifikation mit der Firma besonders deutlich: beim Fahrdienst, der für die Auslieferung des Essens aus der Kochfabrik verantwortlich ist. Es handelt sich um ein Team, das seit vielen Jahren zusammenarbeitet und den Bereich selbst auf- und ausgebaut hat. Trotz der teilweise schweren körperlichen Arbeit sind die Mitarbeiterinnen vom Fahrdienst sehr engagiert und erfüllen ihre Aufgaben gern. Die Arbeit beim Fahrdienst erfordert eine hohe Flexibilität, auch bezüglich der Arbeitszeiten. Bei Caterings sind die Arbeitszeiten lang, die äußeren Umstände oft anders als geplant, und manchmal muss improvisiert werden. Das erfordert eine Arbeitshaltung, die weit über das Erfüllen von Aufgaben hinausgeht: Die Mitarbeiterinnen beim Fahrdienst sehen einfach, was getan werden muss, und tun es dann. Das liegt daran, dass innerhalb des Bereichs ein besonders großer Zusammenhalt herrscht und sich die Mitarbeiterinnen mit dem Unternehmen und mit ihrer Aufgabe identifizieren. Die Leiterin des Fahrdienstes meint es auch wirklich so, wenn sie sagt: »Das ist unser Baby, der Fahrdienst.«

Abschließend möchte ich noch einmal zusammenfassen: Wohlbefinden am Arbeitsplatz ist immer eine Sache der individuellen Persönlichkeit. Der richtige Grad zwischen Freiheit und Struktur ist keine feststehende Größe, sondern von Mensch zu Mensch unterschiedlich. Arbeitnehmer und Führungskräfte müssen gemeinsam den für sie jeweils besten Weg finden. Im nächsten Kapitel werde ich versuchen, einen solchen Weg zu beschreiben.

4. Erfolgreich führen

4.1 Unternehmensziele

Im Allgemeinen geht man bei gemeinnützigen oder sozialen Unternehmen kaum davon aus, dass sie sich nach Management-Standards richten. Viele Menschen können sich gar nicht vorstellen, dass das möglich sei. Im Umkehrschluss bedeutet das dann meistens, dass gemeinnützige und soziale Organisationsformen nicht zielorientiert vorgehen, dass jeder nur »vor sich hin« arbeitet und – im übertragenen Sinn – keine Hand weiß, was die andere tut. Die landläufige Meinung ist: Die reden viel und oft ohne Ergebnis. Und arbeiten »irgendwie«, aber ohne Qualität und Effizienz, wie es zum Beispiel in der freien Wirtschaft erwartet wird.

Ich will nicht sagen, dass das niemals so ist: Gerade im Umgang mit öffentlichen Gremien habe ich manchmal ähnliche Gedanken. Aber ich komme aus der freien Wirtschaft, habe lange in amerikanischen Unternehmen gearbeitet und kenne auch eine ganz andere Art des Arbeitens: Management, das diesen Namen verdient. Während meiner Zeit bei diesen Unternehmen habe ich mir oft gedacht: Es müsste doch möglich sein, diese beiden Ebenen zusammenzubringen: also das beste aus der freien Wirtschaft und das beste aus öffentlichen Institutionen. Warum sind diese Bereiche so getrennt voneinander, warum arbeiten beide so unterschiedlich? In diesem Buch möchte ich zeigen, wie die beiden Ebenen miteinander verbunden werden können.

Auch wenn es in diesem Kapitel um Wirtschaftlichkeit geht, darf nicht vergessen werden: Gemeinnützigkeit und Wirtschaftlichkeit gehören zusammen. Für Gemeinnützigkeit braucht ein Unternehmen Geld, aber auch in Wirtschaftsunternehmen darf die Menschlichkeit nicht verloren gehen.

Im ersten Teilkapitel wird auf die Zielsetzung eines Unternehmens fokussiert. Ich werde zeigen, wie wichtig klar definierte und gut kommunizierte Ziele für ein Unternehmen sind.

Auch innerhalb der gemeinnützigen und sozialen Welt erlebe ich immer wieder Vorurteile bezüglich einer Zielsetzung bei der eigenen Arbeit, die bis zu einer regelrechten Abneigung gegen Zielsetzungen gehen können. Viele haben tief in sich den Gedanken verwurzelt, dass eine Firma, die irgendwie auch für andere Menschen arbeitet und sich womöglich noch sozialen oder gemeinnützigen Gedanken verpflichtet fühlt, mit Geld eigentlich nichts zu tun haben darf. Diese Einstellung ist für mich schwer nachvollziehbar, denn die Argumentation besteht in einer teilweise schon mystischen Abneigung gegen Geld. Einige der Menschen, mit denen ich zusammengearbeitet habe, haben sich sehr dagegen gesperrt, sich in irgendeiner Form ein Ziel zu setzen, die Zusammenarbeit mit ihren KollegInnen zu organisieren und vor allem finanzielle Überlegungen in ihre Arbeitsplanung mit einzubeziehen. Dass eine Schulkantine nur dann mit Essen beliefert werden kann, wenn vorher Nahrungsmittel gekauft werden, dass Sprachkurse nur stattfinden können, wenn die Sprachlehrerin bezahlt werden kann, sind Überlegungen, die manche Menschen (besonders im Bereich der gemeinnützigen Organisationen) grundsätzlich ablehnen – weil es nicht in ihr (falsch verstandenes) Bild von Gemeinnützigkeit passt. Diese Position ist das andere Extrem auf einer Skala, die vom Streben nach absoluter Gewinnmaximierung bis hin zu eben diesem märtyrerhaft anmutenden Arbeitsverständnis reicht. Beide Extreme sind, wie es bei Extremen ja oft der Fall ist, falsch und haben fatale Folgen für die Menschen. Jedes Unternehmen muss für sich einen Mittelweg finden, der weder dem einen noch dem anderen Extrem zu nahe kommt.

Doch egal, ob Gewinnmaximierung das Ziel eines Unternehmens ist oder ob es sich soziale Aufgaben gestellt hat: Ziele und

Aufgaben eines Unternehmens müssen immer klar definiert sein. Sonst passiert eben das, was nicht passieren soll: Man kommt irgendwo an, aber nicht da, wo man hinwollte. Das klingt zunächst selbstverständlich, ist es aber bei Weitem nicht immer. Schwammige Formulierungen sorgen immer wieder für Missverständnisse; gerade in gemeinnützigen und sozialen Organisationen gibt es sehr oft nur ungenaue Vorstellungen vom Unternehmenssinn à la »die Welt verbessern«.

Eine ganz klare und genaue Definition des Unternehmenszwecks und der Unternehmensziele ist der erste Schritt, diese auch zu erreichen. Nur mit genauen und definitiven, allgemein bekannten Zielsetzungen ist Kommunikation und Planung überhaupt möglich, und nur dann kann das Unternehmen auch nach außen hin vertreten werden.

Bei der Festlegung der Unternehmensziele ist es wichtig, sich darüber klar zu werden, dass es zwei Arten oder besser gesagt zwei Adressaten von Zielen gibt: Das Unternehmen selbst mit seinen Mitarbeiterinnen auf der einen Seite, die KundInnen auf der anderen Seite. Die Ziele für das Unternehmen können beispielsweise sein, Geld zu verdienen, Marktführer zu werden, zu den besten fünf Biolieferanten der Region zu gehören und vieles mehr. Diese Unternehmensziele sollten jeder Mitarbeiterin bekannt sein, sagen dem Kunden aber wenig. Die zweite Art von Zielen sind die nach außen kommunizierten: erstklassige Produkte oder Dienstleistungen liefern, eine Schnittstelle zwischen Verbraucher und Regierung sein, mit einer Dienstleistung dazu beitragen, dass eine bestimmte Personengruppe ein angenehmeres Leben hat und so weiter.

Die oben genannten Beispiele beziehen sich alle auf langfristige, grundsätzliche Ziele. Sie müssen im Unternehmensleitbild festgehalten werden und jeder und jedem im Unternehmen klar sein, damit daraus dann die kurz- und mittelfristigen Ziele entwickelt werden können: Was sind die Ziele für die nächsten fünf Jahre? Was muss im nächsten Jahr passieren, damit das Unternehmensziel erreicht werden kann? Was wollen wir bei der nächsten Messe, Produktpräsentation oder Verkaufsveranstaltung erreichen?

Diese kurz- und mittelfristigen Ziele müssen nicht unumstößlich sein; sie können sich verändern, denn sie müssen an den Markt angepasst oder auch ersetzt werden. Aber all das muss klar kommuniziert werden und auf der Grundlage der allgemein festgelegten Ziele und Werte geschehen.

Bei FAB hat sich aus einem Zweckbetrieb heraus eine Organisation mit vielfältigen Zielen entwickelt. Frauen in den ersten Arbeitsmarkt zurück zu helfen war das erste Ziel des damaligen Vereins. Zu diesem Zweck wurden Schulkioske betrieben, in denen die Frauen arbeiten und sich entwickeln konnten, um dann dem ersten Arbeitsmarkt zugeführt zu werden. Daraus entwickelten sich im Lauf der Zeit die beiden heutigen Bereiche Bildung und Ernährung. Es wurde zum einen festgestellt, dass es einen großen Bedarf an Bildungsangeboten gab, an Sprach- und Integrationskursen, Fortbildungen, Umschulungen, Ausbildungen. Diesem Bedarf hat FAB entsprochen, um Frauen dabei zu unterstützen, auf dem Arbeitsmarkt Fuß zu fassen und so selbstbestimmt und frei leben zu können.

Gleichzeitig stellte sich heraus, dass mit den Schulkiosken eine Nische des Marktes bedient wurde: Durch die Verwendung von ökologisch angebauten Lebensmitteln aus der Region gelang es nach und nach, diesen Bereich immer weiter auszubauen. Heute werden in der KochFABrik täglich im Durchschnitt 1600 Essen gekocht und zu Mensen in Kindergärten und Schulen gebracht. Die Herstellung und Verteilung von gesundem, ökologisch angebautem und kindgerechtem Essen mit Zutaten aus der Region entspricht unserer Überzeugung und wird in unserem Zweckbetrieb innerhalb des Ernährungsbereiches täglich umgesetzt. Diese Aufgabe lässt sich mit dem ursprünglichen Ziel, Menschen in die Arbeitswelt zu helfen, gut kombinieren. Im Laufe der Zeit wurde und wird dieser Bereich immer weiter ausgebaut, Bio-Zertifikate werden erworben und vieles mehr.

Die ständig wachsende Zahl der Mitarbeiterinnen und die Konzentration auf Frauenthemen führten dazu, dass das Thema Betreuung einen immer größeren Stellenwert einnahm, und so entstand – aus einem konkreten Bedürfnis heraus – der Bereich Betreuung als dritter Schwerpunkt von FAB.

Die Geschichte von FAB ist ein gutes Beispiel dafür, wie sich der Zweck eines Unternehmens entwickeln und vervielfältigen kann. Doch auch hier war und ist es wichtig, dass in Gesprächen mit den Mitarbeiterinnen, in Geschäftsberichten und in der Kommunikation mit den KundInnen klar kommuniziert wird: »Wir haben festgestellt, dass ein Bedarf in dem Bereich XY besteht. Mit den folgenden Mitteln sehen wir uns in der Lage, diesen Bedarf zu decken und erklären das als weiteres Ziel unseres Unternehmens …«

Ein weiterer Aspekt, der für das Unternehmen wichtig ist und der unbedingt klar formuliert und kommuniziert werden muss, ist das Alleinstellungsmerkmal: Was unterscheidet unser Unternehmen von anderen? Was können wir besser als die Konkurrenz? Warum sollten sich KundInnen und GeschäftspartnerInnen für uns entscheiden?

Im Fall von FAB ist es die Wertegrundlage, die das Unternehmen zu etwas Besonderem macht. Die gelebte Chancengleichheit, die Menschlichkeit und der Zusammenhalt sind bei uns spürbar und machen die Zusammenarbeit angenehm. Die Koch Fabrik hebt sich außerdem durch die schon erwähnte ökologische Orientierung von anderen Lebensmittellieferanten ab. Auf diese Weise behaupten wir uns als relativ kleines Unternehmen inmitten der Großen am Markt, die normalerweise die großen Mensen in Unis betreuen. Das schaffen wir, weil wir eine Nische besetzen: mit unserem Biozertifikat, mit unserem Frisch-Kochen und dem Wert, der dahinter steht.

Die Ziele und das Alleinstellungsmerkmal einer Firma müssen immer klar kommuniziert werden, auch nach außen hin. Wenn (potenzielle) Kunden nicht wissen, was das Unternehmen zu etwas Besonderem macht, nützen die Leitlinien und die Werte des Unternehmens nicht viel. Nachdem die Leitlinien, die Ziele und die Werte des Unternehmens definiert und formuliert wurden, ist es daher wichtig, eine Strategie zu entwickeln, um diese an die Mitarbeiterinnen und nach außen zu vermitteln. Eine Homepage ist hierbei nur der erste Schritt.

Bei FAB gehen wir bewusst diesen Weg, und ich betone: Wir gehen *einen Weg*. Auch wir sind noch lange nicht angekommen. Aber im Gehen lernen wir, und zwar jeden Tag. Wir lernen, wie wir unsere Unternehmensziele besser erreichen können. Denn klar definierte und deutlich kommunizierte Unternehmensziele sind eine der Grundlagen wirtschaftlichen Arbeitens, wie ich in diesem Kapitel gezeigt habe: Ohne sie kommt eine Firma nirgends an, wie hart ihre Mitarbeiterinnen auch arbeiten mögen.

4.2 Die Führung der Mitarbeiterinnen

Damit die Ziele des gesamten Unternehmens erreicht werden können, müssen sie in kleine, persönliche Ziele für jede einzelne Mitarbeiterin und jeden einzelnen Mitarbeiter aufgeteilt werden. In diesem Kapitel werde ich beschreiben, wie wichtig es ist, dass die Mitarbeiterinnen ihre persönlichen Ziele kennen. Ich werde zeigen, was Ziele bewirken können und wozu sie notwendig sind. Die wichtigste Aufgabe einer Führungsperson besteht darin, zu erreichen, dass die einzelnen Mitarbeiterinnen ihre Ziele kennen, und sie darin zu unterstützen, diese auch zu erreichen.

Ich arbeite in einer gemeinnützigen Firma, habe aber den Managementstil aus amerikanischen Wirtschaftsunternehmen mitgebracht: ziel- und ergebnisorientiert zu arbeiten, etwas erreichen zu wollen und Ziele zu haben. Führung bedeutet, diese Haltung zu vermitteln: den Mitarbeiterinnen also zu zeigen, dass man etwas erreichen möchte und was man erreichen möchte. Gleichzeitig bedeutet Führung, den Mitarbeiterinnen zu ermöglichen, die gesetzten Ziele zu erreichen und sie dabei zu unterstützen. Das wird im Falle gemeinnütziger oder sozialer Unternehmen oftmals nicht vorausgesetzt. Sozial wird oft »ohne Leistung« verstanden. Ich bin der Meinung, dass gemeinnützige und soziale Organisationen auf Dauer nicht ohne einige grundlegende Managementprinzipien erfolgreich ihre Aufgaben erfüllen können – genauso, wie wirtschaftliche Unternehmen sehr viel von gemeinnützigen Unternehmen lernen können. Diese Managementprinzipien müssen die Führungspersonen der gemeinnützigen Organisationen von den Managern der freien Wirtschaft lernen und an ihre Mitarbeiterinnen weitergeben.

Zu den klassischen Führungsinstrumenten gehören klare Strukturen, das Setzen von Zielen und die Planung von Maßnahmen zum Erreichen dieser Ziele sowie die Überprüfung, ob die Ziele erreicht wurden.

Eine klare Struktur, die jeder Mitarbeiterin und jedem Mitarbeiter bekannt ist, ist für jedes Unternehmen wichtig. Sowohl die Mitarbeiterinnen als auch die KundInnen des Unternehmens müssen wissen, welches sein grundsätzlicher Zweck ist, in welche Bereiche es eingeteilt ist und welche Mitarbeiterinnen welchen Bereichen zugeordnet sind. Die Hierarchie im Unternehmen muss nicht streng sein und kein großes Gefälle haben, aber sie muss klar und eindeutig sein: Alle Mitarbeiterinnen müssen ihre Aufgaben, ihre Verantwortung und auch die Grenzen ihrer Verantwortung kennen. Das ist ein wichtiger Aspekt, der für Struktur sorgt: Denn nichts ist anstrengender, als ständig neu die Hierarchie ausdiskutieren zu müssen. Als ich bei FAB anfing, habe ich sukzessive dafür gesorgt, dass das Unternehmen eine klare und transparente Struktur bekommt, die jeder Mitarbeiterin bekannt ist.

Eine meiner Mitarbeiterinnen erzählte mir einmal: »Früher war das so ein Kuddelmuddel! Jeder hat das gemacht, was er wollte. Und jetzt hat jeder klar definierte Ziele und weiß ganz genau, was er oder sie braucht, um das persönliche Ziel 2013 erreichen zu können.«

Damit hat meine Mitarbeiterin auch den zweiten, vielleicht wichtigsten Punkt angesprochen: persönliche Ziele. Nachdem jede Mitarbeiterin und jeder Mitarbeiter um die Ziele des gesamten Unternehmens weiß, muss erarbeitet werden, was jede/r Einzelne persönlich zu diesen Zielen beitragen kann. Der persönliche Beitrag zum Gesamtziel des Unternehmens wird auf diese Art deutlicher erkennbar. Ohne Ziele besteht die Gefahr, dass man sich verzettelt, vor sich hin arbeitet, ohne ein erkennbares Ergebnis zu erhalten. In vielen sozialen Organisationen arbeiten die Menschen unglaublich viel und engagiert, ohne sagen zu können, was sie denn eigentlich erreicht haben. Das ist auf Dauer ausgesprochen frustrierend und führt zum vermehrten Auftreten von Depressionen und Burnout. Wenn man im Gegensatz dazu auf ein Ziel hin arbeitet, ist dieselbe Arbeit leichter zu handhaben. Weil man ein Ziel hat, weil man die Möglichkeit hat, am Ende einen messbaren Erfolg vorzuweisen. Nur dadurch ist es auch möglich, Bestätigung von außen zu erhalten und sich selbst als wirksame Person wahrzunehmen. In aller Regel wollen Menschen Leistungen erbringen; es ist aber wichtig, dass sie es innerhalb einer Struktur tun, in der diese Leistung auch anerkannt wird. Das Gefühl, eine schwere Aufgabe erfolgreich gemeistert zu haben, entsteht nur da, wo vorher eine schwere Aufgabe oder Herausforderung »benannt« wurde.

Dieses Prinzip findet zum Beispiel im Schulsystem viel zu wenig Beachtung, und zwar auf zwei Ebenen: Die SchülerInnen, die voller Neugier und Lernwillen in die Schulen kommen und denen diese positiven Eigenschaften irgendwann abhandenkommen, sind ein genauso gutes Beispiel wie die LehrerInnen, die voller Motivation von den Universitäten an die Schulen kommen und oft im Laufe der Jahre gleichgültig werden. Das Schulsystem gibt SchülerInnen und LehrerInnen viel zu selten die Möglichkeit, persönliche Erfolge zu erleben. Gerade Lehrer bräuchten dringend messbare Ziele, auf die sie hinarbeiten können und die überprüfbar sind. Nur so haben sie die Möglichkeit, sich selbst als erfolgreich wahrzunehmen, und nur so bleiben sie motiviert, diese Ziele weiterhin zu verfolgen.

Ziele müssen, dürfen keine einfachen Dinge sein. Wie ich schon erklärt habe, motiviert nichts mehr als das Gefühl, sich selbst in einer *schwierigen* Situation bewiesen zu haben. Menschen brauchen Herausforderungen, um Erfolgserlebnisse zu haben. Ich habe schon sehr oft erlebt, dass meine Mitarbeiterinnen etwas geleistet haben, von dem sie sich selbst vorher nicht einmal vorstellen konnten, dass sie das konnten. Das war jedes Mal ein sehr schönes Gefühl.

Die Möglichkeit, sich Respekt »erarbeiten« zu können, löst in vielen Menschen ungeahnte Fähigkeiten aus. Ich erlebe das sehr häufig, da ich viel mit Menschen zusammenarbeite, die irgendwann im Leben die Erfahrung gemacht haben, bemitleidet zu werden. Vielen wurde wenig Respekt entgegengebracht. Doch jeder Mensch hat mehr oder weniger solcher Erfahrungen gemacht, und jeder Mensch, der weiß, was es heißt, anerkannt und respektiert zu werden, setzt seine ganze Kraft darein, dies zu erreichen.

Neben den Zielen, die vereinbart, abgesprochen oder vorgegeben werden, müssen auch Maßnahmen in Bezug darauf erarbeitet werden, *wie* die jeweiligen Ziele erreicht werden sollen. Ich überlasse meinen Mitarbeiterinnen hier sehr viel Verantwortung und sage ihnen: »Wir haben uns ein Ziel gesetzt, und jetzt schauen wir mal, wie wir es erreichen. Was müssen wir tun, um dahin zu kommen?« Jede Führungskraft weiß, was sie (zum Beispiel innerhalb eines Jahres) erreichen möchte. Gemeinsam wird das hierzu Benötigte festgelegt, also die notwendige Unterstützung, die finanziellen Mittel, die Fähigkeiten, das Material. Je besser schon im Vorhinein geplant und überlegt wird, desto weniger unangenehme Überraschungen erlebt man im Laufe der Zeit, und desto wahrscheinlicher ist es, dass man seine Ziele auch erreicht. Es kann auch sinnvoll sein – besonders bei langfristigen Zielen (ein Jahr oder länger) –, Zwischenziele zu vereinbaren, zum Beispiel: »Was muss im ersten Quartal geschafft sein, damit ich mein Jahresziel noch erreichen kann? Was muss innerhalb des ersten halben Jahres passieren, was muss ich in 9 Monaten erreicht haben?«

Auf diese Weise fällt es leichter, schon während des Ablaufs eines Projekts zu kontrollieren, ob effektiv gearbeitet wird und ob das Ziel erreicht werden kann. Ein solches Vorgehen ermöglicht gerade bei langfristigen Zielen Erfolgserlebnisse, die die Motivation aufrechterhalten.

Am Ende einer Periode muss selbstverständlich überprüft werden, ob die Mitarbeiterinnen ihre Ziele erreicht haben oder ob diese nur teilweise oder gar nicht erreicht wurden. Tut man dies nicht, nimmt man den Mitarbeiterinnen, die ihre Ziele erreicht haben, die Möglichkeit, den Erfolg zu erleben, den sie sich verdient und auf den sie hingearbeitet haben. Außerdem ist eine intensive Beschäftigung mit den nicht erreichten Zielen und den Gründen genauso notwendig, damit in Zukunft besser geplant werden kann.

Diese Arbeitsweise erfordert Zeit, Kraft und ein intensives Auseinandersetzen mit dem Thema. Das scheint vielen zunächst ein zu großer Aufwand zu sein, doch ist es nicht vergleichbar mit dem Aufwand, der entsteht, wenn keine Ziele vereinbart werden. Allein die Zeit, die in vielen Unternehmen dafür aufgewendet wird, Missverständnisse aufzuklären, die durch mangelnde oder falsche Kommunikation entstehen, spart man sich durch klare und eindeutige Zielsetzungen von Anfang an. Dadurch, dass jede/r weiß, was von ihr/ihm erwartet wird und wie man es erreichen kann, kommt es gar nicht erst zu solchen Missverständnissen. Das Gefühl »ich muss alles alleine machen«, das gerade in sozialen Organisationen oft fast alle Mitarbeiterinnen haben, entsteht auf diese Art nicht.

Dieses (vielleicht wichtigste) Managementinstrument kann man, wie alle Arten von Instrumenten, auf ganz unterschiedliche Arten anwenden: Man kann Ziele vorschreiben, ausdiskutieren oder die Mitarbeiterinnen selbst ihre Ziele erarbeiten lassen. Keine dieser Methoden ist per se falsch oder schlecht – es kommt vielmehr auf die Einstellung an, mit der sie angewendet werden.

So wie Menschen individuell sind, muss auch Führung individuell und auf den Menschen abgestimmt sein. Eine Person, die sehr eigenständig arbeitet, fühlt sich schnell eingeschränkt und wird unmotiviert, wenn ihr zu enge Vorgaben gemacht werden. Andere Menschen brauchen genau das: enge Grenzen, in denen sie sich bewegen können. Sie fühlen sich unwohl, wenn sie nicht genau wissen, woran sie sind, wenn sie also zu eigenständig arbeiten sollen. Dadurch wird ihre Leistung eingeschränkt. Die Individualität der Mitarbeiterinnen – genau wie jene der Vorgesetzten – muss respektiert werden. So entsteht Authentizität, und nur so kann man zu dem stehen, was man tut und wie man es tut.

Ich denke dabei zum Beispiel an Frau Krause. Frau Krause, die ich schon erwähnte, ist über ein Arbeitsmarktinstrument zu FAB gekommen, einen klassischen Ein-Euro-Job. Diese Menschen werden hier begleitet und ein halbes Jahr lang qualifiziert. Und dann sollen sie dem Arbeitsmarkt eigentlich wieder zugeführt werden. Aber wir haben viele bei uns behalten. Frau Krause erzählte mir, dass sie zu Beginn eigentlich gar nicht bei FAB arbeiten wollte – oftmals werden Menschen dazu genötigt, an Arbeitsmarktmaßnahmen teilzunehmen. Sie hatte sich vorgenommen, sich drei Tage lang die Firma anzuschauen und dann sofort wieder zu gehen. Jetzt arbeitet sie seit fünf Jahren bei uns, und ich empfinde sie als eine große Bereicherung. Als ich sie fragte, warum sie denn nach den ersten drei Tagen dageblieben sei, antwortete sie mir, es habe an der Atmosphäre hier gelegen: Ihre Kolleginnen hätten ihren Humor verstanden und sie so angenommen, wie sie war. Sie hatte anfangs Schwierigkeiten damit, sich die vielen neuen Gesichter zu merken, und trotzdem wurde sie nach einer Woche allein an den Empfang gesetzt. Fünf Jahre später erzählte sie mir, dass das der Wendepunkt war: »Da habe ich gedacht, na prima, kannst dir keine Gesichter merken, kannst die Leute nicht zuordnen. Wie sollst du dann allein am Empfang sitzen? Und das war dann irgendwie der Knackpunkt. Ich habe es dann doch gemeistert. Und das war es dann.« Die Übertragung von Verantwortung und die erfolgreich gemeisterte Aufgabe waren ein wichtiges Erlebnis für Frau Krause. Wir hatten ihr etwas zugetraut, das sie sich selbst nicht zugetraut hätte, und sie hat ihre Aufgabe sehr gut gemacht.

Vertrauen in die Mitarbeiterinnen ist eine Grundvoraussetzung für gutes Führen. Vertrauen muss aber in zwei Richtungen gehen: Auch meine Mitarbeiterinnen müssen mir vertrauen können. Frau Krause sagte mir: »Ich kann einfach sagen, was ist oder was ich denke oder was ich schlimm finde. Und Sie nehmen es Gott sei Dank auch immer so auf, wie ich das meine. Und ich bin noch nie zurückgewiesen worden.« Zu diesem Vertrauen gehören Transparenz und Offenheit, auch von Seiten der Geschäftsführung.

Menschen von einer Aufgabe zu begeistern ist eine der wichtigsten Aufgaben einer Führungskraft. Dann kann man seine Mitarbeiterinnen auch zu Leistungen animieren, von denen sie nicht einmal wussten, dass sie das können. Dafür haben wir hier immer wieder wunderbare Beispiele. Gleichzeitig gibt man den Mitarbeiterinnen auch die Möglichkeit, zu fühlen, dass sie etwas wert sind und gebraucht werden – und das zählt viel mehr als Geld.

Unter besonderen Umständen zeigen sich oft ganz spezielle Fähigkeiten der Menschen. Die Leiterin eines großen Bereichs bei FAB hat vor 12 Jahren eine relativ unorganisierte Stelle übernommen und gemeinsam mit ihrem Team eine funktionierende Abteilung daraus gemacht. Besonders beeindruckend finde ich, dass sie sehr eigenständig arbeitet: Sie sieht Verbesserungsbedarf oder nimmt einen Auftrag entgegen und führt dann sofort durch, was sie sich vorgenommen hat. Sie *möchte*, dass FAB sich entwickelt und vorankommt und ist sich bewusst, was sie persönlich mit ihrem Team dafür tun kann. Und dann tut sie es: »Als meine Vorgängerin mir den Bereich überlassen hat, war er ausbaufähig. Und dann haben wir die Ärmel hochgekrempelt und losgelegt.«

Unterschiede im Führungsstil erlebe ich sehr oft im Zusammentreffen von Männern und Frauen. Die Zusammenarbeit von Frauen und Männern ist auch in der Führungsebene grundsätzlich sehr bereichernd. Die Unterschiede, die es gibt, ergänzen sich in der Regel gut und führen zu neuen Perspektiven und zu besseren Ergebnissen in der Unternehmensführung. Diesen Vorteilen einer Zusammenarbeit von Frauen und Männern auf allen Führungsebenen widme ich das nächste Kapitel.

4.3 Frauen führen anders, Männer auch

Im letzten Kapitel meines Buches geht es um ein Thema, das mir persönlich besonders am Herzen liegt: um die Zusammenarbeit von Frauen und Männern. Die Wirtschaft verschwendet ein ungeheures Potenzial, wenn sie Frauen den Weg in die Führungsebenen systematisch erschwert. Ich bin aber ausdrücklich der Meinung, dass die Führung eines Unternehmens am besten funktioniert, wenn Frauen *und* Männer daran beteiligt sind. Es geht mir nicht darum, einfach nur Frauen zu fördern und Männer aus der Führung zu vertreiben, sondern: Ich bin für gemischte Teams, in denen jede und jeder ihre/seine Stärken einbringen kann.

In den letzten Jahren gab es diverse Studien über Frauen in der Führung: Es hat sich herausgestellt, dass durch eine einzige Frau im Vorstand das Risiko einer Firma, bankrott zu gehen, um 20 Prozent minimiert wird. Die wirtschaftliche Leistung und die Qualität der Organisation eines Unternehmens steigen erwiesenermaßen, wenn nicht nur Männer die höchste Führungsspitze bilden. Eine Studie der beiden Wissenschaftler Chris Bart und Gregory McQueen[25] hat nun ergeben, dass das an der bei Frauen ausgeprägter vorhandenen Fähigkeit liegt, Entscheidungen zu treffen. Frauen betrachten die Dinge von allen Seiten, sehen verschiedene Lösungsmöglichkeiten und entscheiden im Sinne aller. Ihnen ist wichtig, die gesamte Organisation vor Schaden zu bewahren, und sie behalten auch in Krisenzeiten einen kühlen Kopf.

Männer sind in der Regel sehr bedacht darauf, neue Kontakte zu knüpfen; Frauen dagegen verwenden eher Energie auf die Pflege schon vorhandener Kontakte. Beides ist für ein Unternehmen wichtig – Männer und Frauen ergänzen sich hier ideal.

---

25 Chris Bart, Gregory McQueen: *Why Women make better decisions.* In: International Journal of Business Governance and Ethics (IJBGE), Vol. 8, No. 1, 2013.

Trotz der unbestrittenen Vorteile für ein Unternehmen sind noch immer viel zu wenige Frauen in Führungspositionen. Die deutschen Unternehmen müssen aktiv darauf hinarbeiten, ihre Führungsteams klug zu mischen und mit Männern *und* Frauen zu besetzen, wenn sie weiterhin erfolgreich sein wollen. Und Frauen müssen die Sprache der Männer erlernen – wie eine Fremdsprache.

Es ist allerdings so, dass männliche Machtspiele den Frauen zunächst einmal fremd sind, später nur noch anstrengend. In den allermeisten Fällen dominieren aber die Männer schon rein quantitativ die deutschen und internationalen Führungsetagen – wer also in diesen Machtspielen verliert, kann generell nicht mehr mitspielen. Das führt manchmal dazu, dass Frauen versuchen, typisch männliche Verhaltensweisen nachzuahmen, die Machtspiele mitzuspielen. Darum geht es nicht. Frauen müssen nur verstehen, was da passiert, und entsprechend souverän reagieren. Die Kultur in den Unternehmen muss sich so entwickeln, dass Frauen Zugang zu Führungspositionen haben, auch wenn sie die männlichen Verhaltensweisen nicht nachahmen.

Das Bewusstsein dafür, dass Gender Diversity, also Männer *und* Frauen in allen Bereichen des Unternehmens, auch einen ökonomischen Vorteil bringt, hat sich in den letzten Jahren immer mehr verbreitet. Das zeigen die Ergebnisse der McKinsey-Studien *Women Matter*[26]. Gleichzeitig aber zeigen diese Studien, dass sich durch die wachsende Erkenntnis nichts oder nicht viel an der tatsächlichen Einstellungspraxis verändert. Noch immer sind Männer in Führungsetagen bei weitem stärker vertreten.

Im Jahr 2010 führte das Sinus-Institut im Auftrag des Bundesministeriums für Familie, Senioren, Frauen und Jugend die im Kapitel Chancengleichheit schon erwähnte deutschlandweite

26 *Women matter.* Studienreihe der McKinsey & Company 2007–2012.

Studie[27] aus, um herauszufinden, aus welchen Gründen Frauen signifikant seltener in die höchsten Führungsebenen von Unternehmen kommen als Männer. Dazu sprachen sie mit zahlreichen Top-Managern – Männern wie Frauen. Allen gemeinsam war, dass sie generell der Aussage, dass gemischte Führungsteams besser für das Unternehmen seien als ausschließlich männliche, zustimmten. Im weiteren Gespräch stellte sich aber heraus, dass gerade bei den Männern viele verschiedene Vorurteile und Denkmuster vorherrschen, die es den Frauen sehr schwer machen, die »gläserne Decke« zu durchbrechen.

Frauen seien oft zu verbissen, hieß es, und versuchten zu sehr, zu sein »wie ein Mann« – gleichzeitig aber auch zu unvertraut mit den gesellschaftlichen Regeln und Ritualen, die gerade im Top-Management oft noch ausschließlich männlich bestimmt sind. Sie würden dadurch unauthentisch und verkrampft wirken und Konflikte heraufbeschwören.

Die Balance zwischen dem Streben, in der männlichen Arbeitswelt als gleichwertig anerkannt zu werden, und dem Suchen nach dem eigenen Führungsstil ist für viele Frauen noch sehr schwer – weil die (weiblichen) Vorbilder fehlen, weil alte gesellschaftliche Rollen sich auflösen und die neuen Rollenmuster noch nicht festgeschrieben sind.

Fest steht aber, dass in Deutschland Frauen, ob in Führungspositionen oder nicht, bei gleicher Arbeit und Qualifikation im Schnitt um ein Fünftel weniger verdienen als ihre männlichen Kollegen. Der »equal pay day« markiert den Tag in einem Jahr, bis zu dem Frauen arbeiten müssen, bis sie das Lohnniveau eines Mannes

27 Dr. Carsten Wippermann (u. a.): *Frauen in Führungspositionen. Barrieren und Brücken.* Studie der Sinus Sociovision GmbH (Heidelberg) im Auftrag des Bundesministeriums für Familie, Senioren, Frauen und Jugend. 2010.

im letzten Kalenderjahr erreichen: 2013 war der equal pay day der 21. März. Fast drei Monate lang arbeiten Frauen also quasi unbezahlt.

In der Studie des Sinus-Instituts gab eine große Mehrheit der befragten Frauen an, das Gefühl zu haben, sie müssten im gehobenen Management mehr leisten als männliche Kollegen, um überhaupt akzeptiert zu werden.

Obwohl Deutschland im weltweiten Vergleich sehr gut abschneidet, was den Frauenanteil in hohen politischen Ämtern angeht, sind wir auch hier noch weit von einer Gleichstellung entfernt. Woran das liegt, wird im Moment noch erforscht: Die Studienreihe *Women Matter* bringt jedes Jahr neue Erkenntnisse zu diesem Thema heraus, und die verschiedenen Bundesministerien beauftragen Untersuchungen zur Rolle der Frau in der modernen Arbeitswelt – wie die oben schon genannte Sinus-Studie. Eine überwältigende Mehrzahl der Befragten in den unterschiedlichen Studien gibt an, dass sie nicht glaube, dass sich ohne eine offizielle Regelung von allein etwas ändern wird – die Mechanismen, die in den letzten Jahrzehnten Frauen aus der Arbeitswelt fernzuhalten versucht haben, sind noch immer so eingefahren, dass sie sich nicht ohne weiteres abschaffen lassen.

Frauen und Männer müssen gemeinsam einen Weg finden, ihre jeweiligen Stärken gewinnbringend einzusetzen und sich nicht von Machtspielchen oder eingerosteten Hierarchien aufhalten zu lassen. In der Gesellschaft und in den Unternehmen muss dafür gesorgt werden, dass Frauen die realistische Möglichkeit gegeben wird, ihre Karriere weiterzuverfolgen, selbst wenn sie eine Familie haben. Was die Unternehmen dafür tun müssen, habe ich im Kapitel Chancengleichheit beschrieben.

Bei FAB gab es lange Zeit nur Frauen in der Führung. Das ist eine Seltenheit, denn in der Regel überwiegen die Männer – meistens besetzen Unternehmen ihre Führungspositionen nicht mit Frauen.

Seit einiger Zeit haben wir bei FAB ein gemischtes Führungsteam aus Frauen und Männern, und ich erlebe es als eine Bereicherung. Im Vergleich zu den manchmal langwierigen und fruchtlosen Diskussionen zu Zeiten der »reinen Frauenführung« sind nun die Entscheidungswege kürzer geworden.

Seit es in meiner Firma auch männliche Führungskräfte gibt, erlebe ich jedoch auch wieder selbst, was für viele Frauen Alltag ist. Männer haben eine andere Art, sich zu verhalten, zu denken und damit auch zu führen als Frauen. Auf der anderen Seite kann man natürlich auch sagen: Frauen haben eine andere Art zu führen – das ist die allgemeine Auffassung.

Ich sage – und dieses Bewusstsein entsteht im Moment langsam auch in den Führungsriegen der deutschen Wirtschaft –, dass beide Geschlechter unterschiedlich sind und damit beide sehr wertvolle Beiträge in einem Unternehmen leisten können. Männer und Frauen bringen ihre unterschiedlichen Sichtweisen, verschiedenen Perspektiven und Fähigkeiten in die Arbeit ein: dies kommt dem Unternehmen zugute. Unternehmen müssen jetzt und in Zukunft darauf Rücksicht nehmen, sie müssen aktiv Frauenkarrieren fördern und gemischte Führungsteams bilden. Nur so können sie auf lange Sicht erfolgreich wirtschaften.

5. Nicht ohne unsere Werte!

Es muss sich etwas ändern in der Wirtschaft: Gewinnmaximierung und Profit dürfen nicht mehr unser Arbeiten und unser Leben bestimmen. Diese Ansicht setzt sich immer mehr durch. In den Köpfen der Menschen herrscht eine Sehnsucht nach einer neuen, anderen Wirtschaft. Unternehmen müssen wieder zu dem werden, was sie eigentlich sein sollten: Motoren unserer Entwicklung, die Grundlage unseres Wohlstands und ein Ort, an dem Werte geschaffen und gelebt werden und den Menschen zugutekommen.

Mit meinem Buch will ich einen Weg zu diesem Idealbild zeigen. Wertebasiertes, menschenorientiertes Wirtschaften in Kombination mit einer guten und zielorientierten Führung führt zum Erfolg. Die Säulen erfolgreicher gemeinnütziger Unternehmen sind Chancengerechtigkeit, Toleranz, Vertrauen und Miteinander. In der heutigen westlichen Gesellschaft bekommt man jedoch oft das Gefühl, dass die Menschlichkeit verloren gegangen ist. Erfolg, Geld und Konsum scheinen oft wichtiger zu sein als menschliche Nähe, und die direkte Kommunikation wird mehr und mehr durch Computer, Handys und soziale Netzwerke ersetzt.

Gleichzeitig lässt sich aber eine große Unzufriedenheit mit dieser Entwicklung feststellen. Viele Tausende gehen auf die Straße, um gegen unmenschliche Regierungen oder gegen die Herrschaft des Konsums zu protestieren. Viele sehnen sich nach einer anderen Form des Zusammenlebens und Zusammenarbeitens, nach einem wirklichen Miteinander und danach, dass jeder in der Gesellschaft so angenommen wird, wie er oder sie ist.

Das zeigt sich besonders in den Demonstrationen für die Rechte Homosexueller oder gegen die Inhaftierung einzelner Systemkritiker, auch in weit entfernten Ländern – die Liste ist hier so lang, dass sich die Protestgründe gar nicht aufzählen lassen. Auf der Welt kämpfen zahlreiche Menschen jedoch für eine am Menschen orientierte Gemeinschaft.

Eine Veränderung der Gesellschaft muss in den Köpfen der Menschen stattfinden: jeder Einzelne muss sich selbst hinterfragen, sich seine Werte und Überzeugungen bewusst machen und kritisch beurteilen, woher diese Werte kommen.

Im Dialog und in der Diskussion mit anderen müssen gemeinsame Werte ermittelt werden: Grundlagen des Verhaltens und Denkens, die für alle gültig sind. Wenn jeder und jede an der Entstehung dieser Grundlagen mitwirkt, hat auch jeder und jede einen Grund, sich daran zu halten: Denn sie entsprechen den eigenen Überzeugungen, sie entspringen dem eigenen Nachdenken darüber, was gut und richtig ist und was nicht.

Gerade jene Menschen, die viel Verantwortung tragen, also zum Beispiel Führungskräfte, müssen sich viel bewusster machen, was ihre eigenen Beweggründe und Ziele sind, welche Verantwortung sie tragen, was für Konsequenzen jede einzelne ihrer Entscheidungen oder Handlungen hat.

Diejenigen, die sich jetzt schon ihrer eigenen Werte bewusst sind, danach leben und arbeiten und gleichzeitig versuchen, die Welt ein wenig zu verbessern, müssen genauso auch im Blick haben, was sie erreichen wollen und wie das stattfinden soll.

In jedem Unternehmen und in jeder Organisation müssen die Menschen sich bewusst machen, dass Erfolg auf der unternehmerischen *und* der menschlichen Ebene nur passieren kann, wenn *beides* erfüllt ist: Menschlichkeit und unternehmerischer Geist. Ein wirtschaftliches Unternehmen ist nur dann nachhaltig erfolgreich, wenn es ein Ziel hat, das über bloße Gewinnmaximierung hinausgeht. Eine gemeinnützige oder soziale Organisation ist nur dann erfolgreich und kann ihre sozialen Ziele nur dann erreichen, wenn sie sich an wirtschaftlichen Organisationsprinzipien orientiert und ausreichend Geld da ist. Beide Pole, die oft als sich widersprechende angesehen werden, ergänzen einander in Wirklichkeit. Keine Organisation kann langfristig funktionieren, wenn eine der beiden Seiten vernachlässigt wird.

Die Faktoren, die für das Funktionieren jeder Organisationsform wichtig sind, habe ich in diesem Buch aufgeführt und mit Beispielen aus meinem persönlichen Berufsalltag veranschaulicht: Chancengleichheit, Toleranz, Vertrauen und das sich daraus ergebende Miteinander, außerdem Ziele und Führung im Unternehmen und die besondere neue Rolle der Frauen.

Es muss noch sehr viel passieren in Deutschland und der Welt, damit wir wirklich von einer toleranten Gesellschaft sprechen können, in der jeder und jede die gleichen Chancen hat und in der jeder Mensch sein kann, wie er oder sie möchte. Wir müssen uns immer wieder bewusst machen, dass wir auf einem Weg sind und dass wir uns im Moment in einer Zeit des Aufbruchs befinden. Wir wunderbar ist das! Wir alle haben jeden Tag die Möglichkeit, etwas zu verändern.

Und das geht! Haben Sie Mut und gehen Sie mit …

6. FAB-Wertewolke und Geschichten

FAB ist nicht reich an Geld oder vermögenden Aktionären. Aber wir haben einen Reichtum, der tausendmal mehr wert ist. Zum Abschluss finden Sie einige Geschichten aus unserem Wertewolke-Buch: »Am Anfang stand eine Idee ...«

BEI FAB SIND MIR IMMER WIEDER STARKE FRAUEN BEGEGNET, DIE MIT MUT UND ENTSCHLOSSENHEIT IHRE SITUATION VERBESSERN WOLLEN UND SICH MOTIVIERT DEN TÜCKEN DES ALLTAGS STELLEN.

DAVOR HABE ICH GROßEN RESPEKT !

Chance, Menschlichkeit, Offenes Ohr, Verständnis, Beständigkeit,

Für mich ist FAB etwas ganz besonderes. Hier habe ich die Chance bekommen in einer menschlich gebliebenen Firma noch einmal eine Ausbildung zu machen. Auch in schwierigen Zeiten in denen man sich am liebsten in ein Mauseloch verkriechen würde, hat immer jemand ein offenes Ohr und zieht einen wieder nach vorn und man bekommt das Gefühl gebraucht zu werden. Man wird nicht allein gelassen sondern unterstützt und wieder auf den richtigen Weg gebracht. So ist FAB vom ersten Tag an mein Strohhalm an den ich mich halten konnte. Hier macht das arbeiten so richtig Spaß.

Jeder Mensch ist anders. Jeder hat wie ein Buch seine eigene Geschichte.
In meinem "Buch" steht, dass die FAB mir bei der **Intergration** im Beruf um im Alltag geholfen hat. Hier habe ich sehr viele interessante Menschen kennengelernt. Sie waren alle unterschiedlich: jung und alt, aus verschiedenen Ländern, aber wir hatten alle etwas **gemeinsam** --> die FAB.

Die Werde wolke der FAB wurde von allen Mitarbeitern aufgestellt.

Mein Thema berichtet über die Familienfreundlichkeit, weil es mich persönlich anspricht.
Durch die FAB hatte ich die Möglichkeit, als alleinerziehende Mutter eines Sohnes, nach dem Erziehungsjahren wieder ins Berufsleben einzusteigen.
Durch die geregelten Arbeitszeiten, und „Danke" Noki, konnte ich alles gut organisieren. So hatte ich die Möglichkeit, die Kindergarten- und Grund Schulzeit sehr gut zu überstehen, und in den Ferien wurde mein Kind gut bei Noki betreut.
Bald beginnt wieder ein neuer Schulabschnitt für mein Kind und durch FAB werden wir „zwei" auch das gut überstehen.

Ich habe mir das Wort „Chancengleichheit" ausgesucht.
Das Wort betrifft mich insbesondere, da ich als Mann in einem eher typischen Frauenberuf als J-Helfer tätig bin.
Zudem war ich zur Zeit meiner Anstellung schon 54 Jahre alt.
Wenn dieses keine Chancengleichheit ist?

Ich wünsche Ihnen allen ein schönes Weihnachtsfest und einen guten Start in's neue Jahr.

Bei FAB bekommen die Frauen noch eine Chance im Leben etwas zu erreichen, oder zu ändern. Sie sind nicht alleine, sie sind in einem Team. Und wenn sie schon über 50 sind, gibt es noch eine Möglichkeit etwas Neues anzufangen und dem Leben wieder ein Sinn zu geben.

WANDELBAR:

Dies ist für mich ein ganz wichtiger Begriff, der noch unbedingt auf unsere Wertewolke gehört.

FAB ist **WANDELBAR,** sei es bei den Mitarbeitern oder bei unseren Tätigkeitsfeldern. Wir stellen uns sofort und **WANDELBAR** auf geänderte Situationen ein. Dies konnte ich immer wieder feststellen. Manchmal fiel es uns schwerer manchmal leichter, aber immer haben wir dem **WANDELBAR**em Geschäftsleben unsere **WANDELBAR**keit entgegengesetzt und gewonnen.

Gedanken zur Wertewolke

Zunächst stelle ich mir die Frage: was sind Werte?

Werte sind das zentrale Fundament allen Denkens und Handelns von Menschen, Gesellschaften und Kulturen. Für mich geben Werte dem Leben Bedeutung und Sinn – ohne gelebte Werte wäre das Leben sinnlos.

Die zahlreichen Werte, die sich in unserer Wertewolke wieder finden, erscheinen auf den ersten Blick als zu zahlreich, um diese wirklich glaubhaft leben zu können.

Welche Werte zählen bei dem Miteinander der FAB intern? Wie gehen Kollegen untereinander und Führungskräfte mit den Mitarbeitern um? Werden hier die Werte gelebt und umgesetzt, fühle ich mich dadurch motiviert?
Der Umgang mit unseren „Kunden", den Teilnehmern, finde ich hier die Werte wieder, die ich für mich und meine Arbeit wichtig sind?
Beim Umgang mit unseren „Kunden", den Mitarbeitern vom Jobcenter, unsere aktuellen und zukünftigen Auftraggebern?
Unsere Präsentation in der Gesellschaft. Wie werden wir vor Ort, von den Menschen die nicht direkt mit uns zu tun haben gesehen und wahrgenommen?

In der kürze der Zeit, die ich bei der FAB sein darf, habe ich bereits für mich die Erkenntnis gewonnen, das ich mich richtig entschieden habe, als ich den Vertrag unterzeichnet habe. Meine mir wichtigsten Werte finden sich nicht nur in der Wertewolke wieder, sondern erlebe ich auch. Was für mich zwingend notwendig ist, um mich mit der FAB und meiner Arbeit, den Führungskräften und Kollegen identifizieren zu können. In den unterschiedlichen Bereichen, die entsprechenden Werte, unterschiedlich ausgeprägt und ausgewogen.

Wenn meine Arbeit es mir ermöglicht, meine Werte zu leben, macht die Arbeit Spaß und meine Tätigkeit gelingt viel effektiver. Wenn meine Werte bei der Arbeit nicht umgesetzt werden können, werde ich das Gefühl haben, dass mir etwas fehlt oder ich "nur meinen Job mache". Die Arbeit wird dann mühsam und wenig effektiv sein, ich werde mich ausgelaugt und müde fühlen. Ich kann langfristig nur dann erfolgreich sein, wenn ich meine Werte klar kenne und ihnen gemäß leben kann.
Deshalb ist es für mich wichtig, dass ich für ein Unternehmen arbeite, dessen Werte sich mit meinen Werstvorstellungen decken und ich habe Glück, bei der FAB ist es so!

Vielfältig - ist der Begriff der mich aus dem Leitbild als erstes und ohne viel zu überlegen angesprochen hat. Er spiegelt die Strukturen der FAB wieder.
Betreuung, Ernährung und Bildung.

Neben der Struktuellen Vielfältigkeit sind auch die Arbeitnehmer/innen vielfältig. Verschiedenste Menschen arbeiten für die FAB, um ihre stärken einzubringen und die sozialen Ziele der FAB umzusetzen. So findet man bei der FAB alles, vom Integrationshelfer an Schulen über Betreuer in Notkindergärten, Fahrer, Organisatoren, Köche, Bildungsvermittler aller Art etc.

Auch die Arbeit der Mitarbeiter/innen ist vielfältig, ohne weiter ins Detail gehen zu wollen. Manchmal haben sie auch vielfältige Probleme zu lösen, doch kann man stehts Rücksprache halten und steht nie alleine da. Es gibt nämlich auch immer eine vielfalt an Problemlösungsmethoden.

FAB Wertewolke

Geschichte.........Erfahrungen..........Erlebnisse.........

Vertrauen **Zuverlässigkeit** **Zutrauen**

Sehr viele Begegnungen sowie bewegende Momente zeichnen und prägen mich in meinen beruflichen Rückblick hier bei FAB. Seit 1999 prägt und fasziniert mich die große FAB **Vielfalt** die ich hier immer wieder aufs NEUE erleben darf.

Vertrauen

Konnte ich in all den Jahren von der Geschäftsführung und den Kolleginnen erleben. Vertrauen ist für mich ein wichtiger Baustein für den täglichen Umgang mit- und füreinander in der Berufswelt. Vertrauen erhalten und geben ist ein wichtiges Fundament um gemeinsam zu wachsen.

Zuverlässigkeit

Selbst in schwierigen Zeiten welche FAB durchaus stellenweise erlebt hat, war der berufliche Alltag immer von Zuverlässigkeit geprägt.

Zutrauen

Dieser Begriff verbirgt für mich mentales Wachsen in uns Mitarbeiter/innen hier bei FAB. Damit verbunden ist die daraus resultierende Stärke, Selbstbewusstsein und natürlich das Selbstwertgefühl. Diesen wachsenden Prozess haben ich und sicherlich auch viele Kolleginnen und Kollegen positiv durchlaufen. Es tut gut, zu wissen und zu spüren, was andere einem zutrauen, Ressourcen werden freigesetzt, es ist ein tolles Gefühl dies bewusst zu erleben.
Meine Berufliche Karriere verdanke ich diesem Begriff, es ist einfach toll zu erleben was andere in mir für Stärken erkannt haben und mich entsprechend gefördert haben.
Damals und heute.
FAB ist für mich eine TRAUMFIRMA.

Sehr individuell wird auf jeden MA/rinn und dessen privaten Background eingegangen und das finde ich WUNDERBAR.

FÜR MICH IST FAB SEHR SOZIAL- UND FAMILIENORIENTIERT.

DURCH FLEXIBLE ARBEITSZEITEN UND EINRICHTUNGEN WIE DEN NOKI, GIBT MAN ALLEINERZIEHENDEN DIE MÖGLICHKEIT, SICH INS BERUFSLEBEN ZU INTEGRIEREN.

WEITERE MAßNAHMEN UND AUCH SPRACHKURSE GEBEN LANGZEITARBEITSLOSEN UND AUSLÄNDISCHEN MITBÜRGERN, SOWIE EINER VIELZAHL LERNWILLIGEN DIE CHANCE, LEICHTER EINEN BERUFLICHEN NEUSTART ZU BEGINNEN.

FAB ist eine große Familie

Hat für Private Probleme auch ein offenes Ohr

Hilft auch bei Notlagen

Rücksicht und Anteilnahme wird den Arbeitnehmer entgegen gebracht

Das hilft dem Mitarbeiter und gibt ihm kraft

Fab, zeigte mir das man auch als alleinerziehende Frau eine Chance in der Arbeitswelt hat.

Das Vertrauen das man mir entgegen bringt und die Entschlossenheit gemeinsam Zielen entgegen zu gehen gibt mir das Gefühl einer großen Familie.

Vielfältig

Die Vielfältigkeit bei FAB ist echt genial. In der Buchhaltung kann man zumindest einen kleinen Einblick davon bekommen. Ob jetzt Paradigmenwechsel, NOKI, Kompetenzen zeigen , I-Kurse oder die Kochfabrik. Es ist für fast jeden was dabei. Und das ist einfach super.

Professionell und Qualität

Professionell und Qualität sind die 2 Schlagworte aus unserer Wertewolke, die ich mir ausgesucht habe.

Für mich steht „PROFESSIONELL" für unsere tägliche Arbeit in der Kochfabrik. Wir produzieren Tag für Tag professionell unsere Mahlzeiten für Schulen und Kindergärten.

Angefangen über die einzelnen, selbst entwickelten Rezepturen, bei denen die genauen Zutaten und Mengen der Lebensmittel angegeben sind, bis hin zur genauen Kochanweisung.

Daraus resultieren auch die genauen Bestellvorgaben, die „ just by time" bestellt werden können.

Das Ergebnis unserer Arbeit bezeichne ich dann als „QUALITÄT", täglich weit über 1000 Mahlzeiten, die mir persönlich auch noch schmecken.

Ich bin der Meinung, dass beide Worte zu Recht in unsere Wertewolke gehören.

familienorientiert

Ich habe dieses Wort ausgesucht, weil es für mich die Definition bedeutet, dass es eine Vereinbarkeit von Beruf und Familie für Frauen bei FAB besteht.

Bei FAB bekommen Frauen, egal jung oder alt, eine faire Chance Beruf und Familie miteinander zu vereinbaren.

Die Aussage, dass Kinder sich nicht mit dem ausgeübten Beruf sich vereinbaren lassen, veranlasst mich persönlich, nicht nur über meinen Job, sondern auch über meine weiterführende Lebensplanung nachzudenken.

FAB ist definitiv ein familienorientiertes UNTERNEHMEN!

FAB ist immer „offen" für neue Wege und Bereiche.

FAB hat immer ein „offenes" Ohr für seine Mitarbeiter.

FAB ist „offen" für alle Nationalitäten.

Schon viele Jahre bei FAB

Begeisterung dafür war sehr groß um mehr zu leisten.

Der Mut dafür dieses zu tun wuchs mit den Aufgaben.

Das hat mich gestärkt

Auch in schwierigen Lebenslagen durfte ich erfahren dass ich nicht alleine bin

In meiner bisherigen Zeit bei FAB hatten alle meine Vorgesetzte immer großes **Vertrauen** in mich. Nie gab es Nachfragen oder gar Zweifel. Es wurde immer Anerkennung und **Respekt** gegenüber meiner Arbeit entgegengebracht.

Da ich noch nicht lange bei FAB tätig bin, kann ich leider nicht allzu viel schreiben.

Bevor ich die Stelle bei FAB angetreten habe, hatte ich, bedingt durch schlechte Arbeitszeiten, Schwierigkeiten Privat- und Berufsleben unter einen Hut zu bekommen. Durch die, meiner Meinung nach, familienorientierten Arbeitszeiten bei FAB haben sich diese Probleme in Luft aufgelöst. Jetzt endlich kann ich meinen Beruf motiviert und mit Begeisterung ausüben und habe ein glückliches Privatleben.

Ich bin sehr dankbar für das Vertrauen, welches FAB mir entgegenbringt, indem man mir diesen Arbeitsplatz zur Verfügung stellt.

Der Wert Chancengleichheit, passt am besten, im Bezug auf mich als Schwerbehinderter, zur FAB, da ich an der Schule, trotz meines Handicaps sehr gut angenommen werde.

Ich empfinde es sehr sozial von FAB gGmbH, die Chance bekommen zu haben, daß ich, als Schwerbehinderter, mich bewehren und integrieren kann.

Meine Erfahrungen mit FAB und der Wertewolke:

Das ganz große Thema für mich ist die **Chancengleichheit**, trotz einiger Wissensdefizite, die sich durch meine lange Arbeitsunfähigkeit angesammelt haben, hat FAB mir eine mehr als große Chance gegeben, und mir die Möglichkeit gegeben, mich weiterzuentwickeln und einen angenehmen Arbeitsplatz zu besetzen.

Die **professionelle** und **kompetente** Betreuung durch die Betriebssozialarbeit haben mich **motiviert** in mir neuen **Mut** wachsen lassen.

Durch die **Begeisterung**, die meine Kolleginnen vermitteln, wachsen auch das eigene Selbst**vertrauen** und die **Begeisterung.** Das FAB Team ist und macht **stark**.

Dank der **starken Frauen**, denen ich zur Seite stehen darf, und auf die man in jeder Situation zählen kann, fühle ich mich „[2]wohl".

Die **innovative** Führung von FAB ist Zukunftsweisend und [3]prägend.

[2] Neues Wort für die Wertewolke: Wohlbefinden.
[3] Prägend

Literaturverzeichnis

Bieri, P.: *Wie wollen wir leben?* 6. Aufl. St. Pölten/Salzburg: Residenz 2012.

Easterlin, R.: *Does Economic Growth Improve the Human Lot?* In: Paul A. David & Melvin W. Reder (Hrsg.): *Nations and Households in Economic Growth: Essays in Honor of Moses Abramovitz.* Academic Press, New York 1974, S. 89–125.

Felber, Christian: *Die Gemeinwohl-Ökonomie: das Wirtschaftsmodell der Zukunft.* Wien: Deuticke 2010.

Hradil, Stefan: *Soziale Ungleichheit in Deutschland.* 8. Aufl. Wiesbaden: VS Verlag für Sozialwissenschaften/GWV Fachverlage GmbH 2005.

Lessing, H. (Hrsg.): *Was den Menschen eigentlich zum Menschen macht. Klassische Texte einer Philosophie der Bildung.* Freiburg (u. a.): Alber 2010.

Malik, F.: *Führen Leisten Leben. Wirksames Management für eine neue Zeit.* Frankfurt/New York: Campus 2006.

McRae, H.: *What works. Success in stressful times. The secrets of the world's best organisations and communities.* New York: Harper Press 2010.

Monning, E.; Brüning, G.: *Anders als erwartet. Migrantinnen in der Wetterau.* Hrsg. Von der FAB gGmbH für Frauen Arbeit Bildung. Echzell 2006.

Nahrendorf, R.: *Die Chancengesellschaft. Mut zum Aufstieg in Deutschland.* Sankt Augustin: adatia 2010.

Paulus, G.; Sönning, C.: *Traumfirmen und ihr Geheimnis. Unternehmen der neuen Zeit.* Holzkirchen: Danke 2009.

Skidelsky, R.; Skidelsky, E.: *Wie viel ist genug? Vom Wachstumswahn zu einer Ökonomie des guten Lebens.* München: Kunstmann 2013.

Sprenger, Reinhard K.: *Vertrauen führt. Worauf es im Unternehmen wirklich ankommt.* Frankfurt/New York: Campus 2012.

Topçu, Ö.; Bota, A.; Pham, K.: *Wir neuen Deutschen. Wer wir sind, was wir wollen.* Reinbek bei Hamburg: Rowohlt 2012.

Warr, P.; Clapperton, G.: *Richtig motiviert mehr leisten. Konzepte und Instrumente zur Steigerung der Arbeitszufriedenheit.* Stuttgart: Schäffer-Poeschel 2011.

Studien und Forschungsberichte

Agenda Humanitas. Wirtschaft (ver)sucht Menschlichkeit. Die Dokumentation. Zusammenfassung der VI. Bayreuther Dialoge am 7.-8.11.2009.

Albert, Prof. Dr. M.; u.a. (Hrsg.): *Jugend 2010. 16. Shell Jugendstudie. Fischer Taschenbuch Verlag 2010.*

Arbeitsmarkt nach Migrationshintergrund. Studie der Bundesagentur für Arbeit. Dezember 2012. Presse-Info 029 vom 28.05.2013.

Bart, C.; McQueen, G.: *Why Women make better decisions.* In: International Journal of Business Governance and Ethics (IJBGE), Vol. 8, No. 1, 2013.

Bildung in Deutschland 2012. Ein indikatorengestützter Bericht mit einer Analyse zur kulturellen Bildung im Lebenslauf. Bericht der Autorengruppe Bildungsberichterstattung im Auftrag des Bundesministeriums für Bildung und Forschung. Bielefeld: Bertelsmann W. 2012.

Bildung schafft Zukunft. Bildungsauftrag Werteerziehung. Selbstständig denken, verantwortlich handeln. Veröffentlichung der Bundesvereinigung der deutschen Arbeitgeberverbände 2002.

Bildung schafft Zukunft. Veröffentlichung der Bundesvereinigung der deutschen Arbeitgeberverbände 2012.

Chancengerechtigkeit in Bildung und Forschung. Bericht des Bundesministeriums für Bildung und Forschung. Bonn, Berlin 2009.

Der Arbeitsmarkt in Deutschland. Arbeitsmarktberichterstattung. Sockel- und Langzeitarbeitslosigkeit. Bundesagentur für Arbeit, Nürnberg 2011.

Erfolgsfaktoren für die Integration älterer Arbeitsloser in den Arbeitsmarkt. Gutachten im Auftrag der Gesellschaft für innovative Beschäftigungsförderung NRW. Dortmund 2008.

Frauen – Macht – Regierung. Eine Studie über den Anteil von Frauen in Führungspositionen in der Bundesregierung 2012. Berlin: Kienbaum Management Consultants GmbH 2012.

Führungskräftebefragung 2012. Studie der Wertekommission, Initiative Werte Bewusste Führung.

Hausmann, R. u. a. (Hrsg.): *Global Gender Gap Index. 2012.*

Hopf, M.; Steckelbroeck, S.; Grote, A.: *Barriereabbau in den Köpfen und am Arbeitsplatz – ein Praxisbericht aus dem Paul-Ehrlich-Institut.* Vortrag im Rahmen des Workshops „Chancengerechtigkeit in der Wissenschaft? Zum Umgang mit Behinderung und Migration“ im Rahmen der Vorbereitung des zweiten Bundesberichtes zur Förderung des wissenschaftlichen Nachwuchses in Deutschland (BuWiN II). 2013.

Internationaler Migrationsausblick der Organisation für wirtschaftliche Zusammenarbeit und Entwicklung (OECD) 2013.

Lippl, Dr. B.: *Bildung in der Gesellschaft. Fragen der soziologischen Bildungsforschung und Antwortversuche.* Berlin.

Moertel, J.; Rebien, M.: *Wie Langzeitarbeitslose bei den Betrieben ankommen.* Kurzbericht des Instituts für Arbeitsmarkt- und Berufsforschung 09/2013.

Radar gesellschaftlicher Zusammenhalt. Messen was verbindet. Gesellschaftlicher Zusammenhalt im internationalen Vergleich. Studie der Bertelsmann-Stiftung 2013.

UNESCO-Erklärung zu den Prinzipien der Toleranz (1995).

Was ist gerecht? Gerechtigkeitsbegriff und -wahrnehmung der Bürger. Untersuchung des Institut für Demoskopie Allensbach 2013.

Wippermann, Dr. C. (u. a.): *Frauen in Führungspositionen. Barrieren und Brücken.* Studie der Sinus Sociovision GmbH (Heidelberg) im Auftrag des Bundesministeriums für Familie, Senioren, Frauen und Jugend. 2010.

Women matter. Studienreihe der McKinsey & Company 2007–2012.